高等职业教育系列教材

工业机器人自动化单元设计
与应用开发

主　编　高功臣
副主编　党　森　任　燕
参　编　陈昌铎　田达奇　张华文　张娓娓　史佳荟

机 械 工 业 出 版 社

本书以工业机器人技术应用实训平台为载体，按照设备开发的一般步骤及方法，介绍了机器人工作站的开发流程、关键部件的使用方法，以及各个组成部分的机械结构、控制电路和驱动程序的开发方法。全书以机器人工作站系统设计为主线，以 PLC、触摸屏、变频器、伺服驱动系统、视觉识别系统和机器人等组成部件的应用为脉络，并且在每种部件的应用部分都设计了典型案例，融入了设备开发的理念，通过由浅及深、循序渐进的方式，使得学生在学习相关知识的同时，潜移默化地掌握系统设计的流程与方法。

本书可以作为高职高专院校工业机器人技术、机电一体化技术和电气自动化技术等专业的教材，也可以作为工业机器人技术应用大赛的学习参考用书。

本书配有授课电子课件、电子教案和习题答案，需要的教师可登录机械工业出版社教育服务网 www.cmpedu.com 免费注册后下载，或联系编辑索取（微信：15910938545，电话：010-88379739）。

图书在版编目（CIP）数据

工业机器人自动化单元设计与应用开发/高功臣主编．—北京：机械工业出版社，2020.7（2022.1重印）
高等职业教育系列教材
ISBN 978-7-111-66168-9

Ⅰ．①工… Ⅱ．①高… Ⅲ．①工业机器人-自动化-程序设计-高等职业教育-教材 Ⅳ．①TP242.2

中国版本图书馆 CIP 数据核字（2020）第 133090 号

机械工业出版社（北京市百万庄大街 22 号 邮政编码 100037）
策划编辑：曹帅鹏 责任编辑：曹帅鹏
责任校对：张艳霞 责任印制：单爱军
北京虎彩文化传播有限公司印刷

2022 年 1 月第 1 版·第 2 次印刷
184mm×260mm·14.25 印张·353 千字
标准书号：ISBN 978-7-111-66168-9
定价：49.00 元

电话服务 网络服务
客服电话：010-88361066 机 工 官 网：www.cmpbook.com
　　　　　010-88379833 机 工 官 博：weibo.com/cmp1952
　　　　　010-68326294 金 书 网：www.golden-book.com
封底无防伪标均为盗版 机工教育服务网：www.cmpedu.com

出 版 说 明

《国家职业教育改革实施方案》（又称"职教20条"）指出：到2022年，职业院校教学条件基本达标，一大批普通本科高等学校向应用型转变，建设50所高水平高等职业学校和150个骨干专业（群）；建成覆盖大部分行业领域、具有国际先进水平的中国职业教育标准体系；从2019年开始，在职业院校、应用型本科高校启动"学历证书+若干职业技能等级证书"制度试点（即1+X证书制度试点）工作。在此背景下，机械工业出版社组织国内80余所职业院校（其中大部分院校入选"双高"计划）的院校领导和骨干教师展开专业和课程建设研讨，以适应新时代职业教育发展要求和教学需求为目标，规划并出版了"高等职业教育系列教材"丛书。

该系列教材以岗位需求为导向，涵盖计算机、电子、自动化和机电等专业，由院校和企业合作开发，多由具有丰富教学经验和实践经验的"双师型"教师编写，并邀请专家审定大纲和审读书稿，致力于打造充分适应新时代职业教育教学模式、满足职业院校教学改革和专业建设需求、体现工学结合特点的精品化教材。

归纳起来，本系列教材具有以下特点：

1) 充分体现规划性和系统性。系列教材由机械工业出版社发起，定期组织相关领域专家、院校领导、骨干教师和企业代表召开编委会年会和专业研讨会，在研究专业和课程建设的基础上，规划教材选题，审定教材大纲，组织人员编写，并经专家审核后出版。整个教材开发过程以质量为先，严谨高效，为建立高质量、高水平的专业教材体系奠定了基础。

2) 工学结合，围绕学生职业技能设计教材内容和编写形式。基础课程教材在保持扎实理论基础的同时，增加实训、习题、知识拓展以及立体化配套资源；专业课程教材突出理论和实践相统一，注重以企业真实生产项目、典型工作任务、案例等为载体组织教学单元，采用项目导向、任务驱动等编写模式，强调实践性。

3) 教材内容科学先进，教材编排展现力强。系列教材紧随技术和经济的发展而更新，及时将新知识、新技术、新工艺和新案例等引入教材；同时注重吸收最新的教学理念，并积极支持新专业的教材建设。教材编排注重图、文、表并茂，生动活泼，形式新颖；名称、名词、术语等均符合国家标准和规范。

4) 注重立体化资源建设。系列教材针对部分课程特点，力求通过随书二维码等形式，将教学视频、仿真动画、案例拓展、习题试卷及解答等教学资源融入到教材中，使学生的学习课上课下相结合，为高素质技能型人才的培养提供更多的教学手段。

由于我国高等职业教育改革和发展的速度很快，加之我们的水平和经验有限，因此在教材的编写和出版过程中难免出现疏漏。恳请使用本系列教材的师生及时向我们反馈相关信息，以利于我们今后不断提高教材的出版质量，为广大师生提供更多、更适用的教材。

机械工业出版社

前　言

"中国制造2025"的全面展开，带动了我国工业的飞速发展。随着工业生产规模的逐步扩大、产品种类的不断增加和产品质量的稳定提升，对熟练技术工人的需求量也不断增加。但是现实的情况是熟练技术工人的培养速度远远低于社会需求的增长速度，而且企业用工成本也在逐年增加，这就带动了工业机器人产业的飞速发展——部分工作由工业机器人来完成。

工业机器人技术专业应产业发展的需要而设立，其主要目的就是培养社会所急需的、掌握当前最为流行的工业机器人技术的专业技术人员。机器人工作站是工业机器人在工业生产中应用的典型系统，它不仅广泛应用于各行各业，而且在全国职业技能大赛中也频频亮相，成为检验工业机器人技术应用的重要载体。

本书是基于全国职业技能大赛工业机器人技术应用这个赛项的设备，来对机器人工作站的设计及集成进行详细阐述的，不仅能够充分利用大赛设备，而且还可以促进教学质量的提高——以实战的形式提高学生的设计、安装、调试和维修维护等各方面的综合能力。

在学习本书之前，学生已经深入学习了"工业机器人技术基础""工业机器人基本操作与编程""电机与电气控制""PLC技术""变频器与伺服驱动技术"等课程，因此本书受篇幅所限，对相关技术仅讲述了如何应用，并没有对其原理进行详细的阐述，若有不解之处，请参考相关的技术文献。

本书编者均为河南工业职业技术学院工业机器人技术教研室的一线教师。本书的第1章以及第6章的6.3节和6.4节由张华文编写，第2~4章由高功臣编写，第5章由任燕编写，第6章的6.1节和6.2节由田达奇编写，第7章由党森编写，第8章由张娓娓编写，第9章由陈昌铎编写，史佳荟负责本书的图片处理及资料整理工作。本书程序的编写及系统的调试由河南工业职业技术学院工业机器人技术专业2016级和2017级的多位学生参与完成，这里表示感谢。

由于编者水平有限，且时间比较仓促，书中内容若有不当之处，恳请各位读者不吝斧正。

编　者

目　录

第 **1** 章

机器人工作站组成及开发流程

学习目标：

1. 了解机器人工作站的组成以及各部分的功能。
2. 掌握机器人工作站的开发流程。

随着智能制造技术的全面推进，智能制造系统的关键部件之一——机器人工作站得到了广泛的应用，本章将系统地学习机器人工作站的组成以及开发的流程。

1.1 机器人工作站的组成

01 机器人工作站的组成

机器人工作站是指以一台或多台机器人为主，配以相应的周边设备，如变位机、输送机、工装夹具等，或借助人工辅助操作来完成相对独立作业或工序的设备组合。在工作站中，机器人及其控制系统应尽量选用标准装置，对于特殊的场合需设计专用机器人；而末端执行机构等辅助设备以及其他周边设备则根据应用环境和工件特性的不同而进行适当的调整。工业机器人技术应用实训平台是由工业机器人、AGV 小车、托盘生产线、工件盒生产线、视觉系统、码垛机器人和立体仓库等组成的机器人工作站，其总体结构如图 1-1 所示。

该机器人工作站的主要工作流程是：首先用户通过码垛机器人控制柜上的触摸屏，选择立体仓库中装有待加工工件的托盘，然后码垛机器人从立体仓库中取出该托盘，并运送至 AGV 小车上部的平带输送装置上，通过 AGV 小车输送至托盘生产线，安装于托盘生产线上的视觉系统对工件进行识别，再由 PLC 读取工件的检测信息，并驱动工业机器人进行码垛、装配等操作，所有操作完成后，可以进行反向入库操作。

本书基于该工作站来学习工业机器人自动化单元设计与应用开发的流程及方法。

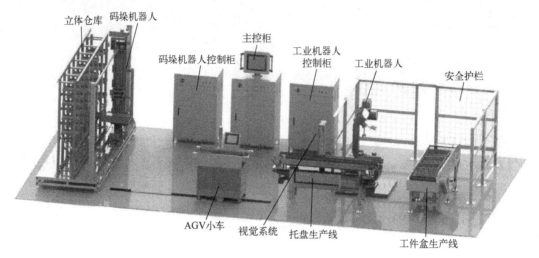

图 1-1 工业机器人技术应用实训平台总体结构图

1.2 工业机器人自动化单元开发流程

在工业设计中，每种新产品的研发和生产都必须遵循科学的工作流程，才能够提高产品开发的成功率，减少不必要的损失。工业机器人自动化单元的开发也不例外，其具体设计开发的流程如图 1-2 所示。

1. 需求分析

在进行工业机器人自动化单元开发的时候，必须与客户进行沟通，对产品的功能、性能、体积、安装方式和使用环境等关键参数进行讨论分析，以确定产品的每一项指标。产品各项指标的设计以满足客户基本需求、降低产品成本、提高产品的性价比为目的，不要擅自提高指标参数，以免增加设计的难度、降低产品的性价比、增加产品的研发成本。该部分工作以项目需求分析报告的形式来完成。

2. 总体方案设计

产品总体方案设计是为了确定产品设计的方向、产品的结构以及拟采用的技术等。在总体方案设计中，一般将产品分为两部分进行设计：产品结构设计和产品控制系统设计。

产品结构设计是对产品的机械结构、外观等部分进行设计，确定产品核心部件的结构、材料、加工工艺等技术问题；产品控制系统设计是对产品的驱动控制电路和驱动程序进行设计，确定驱动控制电路的功能、性能、主控芯片型号以及驱动程序的功能等技术问题。

总体方案设计完毕后，需要召集相关领域的技术人员对方案进行评审，查找方案中的不足之处。一旦发现方案中有技术漏洞、难以实现的技术问题或其他问题，则需对该方案进行修改，然后再一次进行评审，直至完善为止。该部分工作以设计出完善的总体方案而结束。

3. 分系统方案设计

总体方案设计完毕后，需要进行分系统方案设计，如图 1-3 所示。控制系统设计可以进一步分为控制电路设计和驱动程序设计两部分分别进行设计。当机械结构设计方案和控制

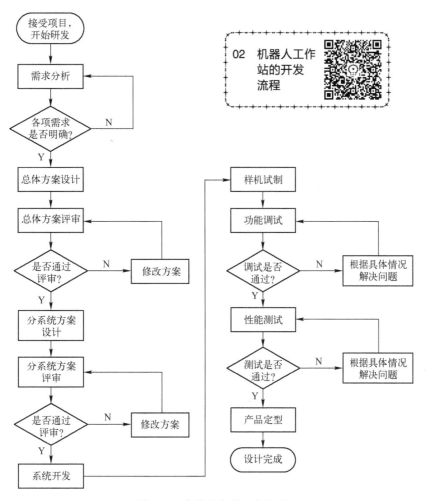

图 1-2　产品开发的一般流程

系统设计方案做好后，需要分别对其进行评审，若发现问题需要对相关方案进行修改，并再一次进行评审，直至完善为止。该部分工作以设计出完善的机械结构设计方案和控制系统设计方案而结束。

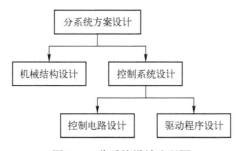

图 1-3　分系统设计流程图

4. 系统开发

机械结构设计方案和控制系统设计方案完成之后，便可以将任务分配给相关的工程师开展具体的设计工作。结构设计工程师完成产品机械结构的设计工作，电气工程师完成产品控制电路的设计工作，软件工程师完成驱动程序的设计工作。在设计的时候，必须严格遵循设计方案的要求，不得擅自更改设计要求及参数。该部分工作最终以机械结构图样、电路图和程序代码的形式来完成。系统开发完毕后，需要将相关的技术资料及时进行存档，并根据实际工作的需要对其进行更新和替换。

5. 样机试制

在系统开发工作完成之后，需要开展样机试制工作。首先根据样机的需要采购原材料，其次根据设计图样加工机械零件、电路板和电气控制柜等部件，然后将各部件进行组装，最终将样机生产出来。样机一般试制 2~3 台，便于在后期的调试中遇到问题时，进行对比测试。

6. 功能调试

对安装好的样机进行检测，然后对其进行通电测试。根据设计要求，对样机的各项功能进行测试，并检测样机是否满足设计指标的要求，如果功能没有实现或者实测的指标不能满足设计要求，需要对样机的安装过程进行分析；如果解决问题，那就继续进行功能调试；如果不能解决问题，那就要对相关的设计方案进行分析，直至解决问题为止。

7. 性能测试

样机通过功能测试后，还需要在真正使用的环境下进行性能检测。若在性能检测过程中遇到问题，则需要对功能调试过程、安装过程及设计过程进行分析，直至解决问题为止。

8. 产品定型

当样机通过上述测试后，所有技术指标都满足设计要求，便可以确定产品的设计参数，完善相关设计文档，对产品进行定型。

1.3　本书的学习方法

本书根据读者对机器人工作站的认知过程来安排各章节的顺序及知识点，主要讲述如下几个方面的内容。

（1）西门子 S7-1215C PLC 的结构、使用方法和开发流程，以及在开发中所用到的 TIA 博途软件的安装及基本使用方法。

（2）西门子 TP700 触摸屏的基本结构和使用方法，以及 TP700 触摸屏与 S7-1215C PLC 的通信方法。

（3）托盘生产线的结构及工作原理、MM420 变频器的结构及使用方法、G120 变频器的结构及使用方法、S7-1215C PLC 驱动变频器的程序设计、托盘生产线与 AGV 小车的通信。

（4）工件盒生产线的结构及工作原理、步进电动机的驱动原理及方法、S7-1215C PLC 驱动步进电动机的程序设计。

（5）工业机器人的基本操作方法与程序设计、工业机器人与 S7-1215C PLC 的通信原理及程序设计。

（6）视觉系统的基本知识、视觉检测的基本流程、视觉数据处理以及与 S7-1215C PLC 的通信。

（7）码垛机器人的结构与工作原理、立体仓库的结构及使用方法、立体仓库与 AGV 小车的通信。

（8）AGV 小车的结构、工作原理及使用方法。

读者可以根据自己的学习情况，合理安排学习顺序。

思考与练习

03　机器人工作站的调试方法

1. 简答题

（1）什么是机器人工作站？

（2）机器人工作站一般由哪些部件组成？

（3）机器人工作站的开发流程由几步组成？分别是什么？

（4）简述总体设计方案对整个开发流程有何重要的作用。

（5）简述分系统方案设计应该依据什么来进行，为什么？

2. 思考题

假设你接到一个机器人工作站的设计任务，你将如何开展工作？请列出所需的工作步骤和每个步骤应该完成的工作内容。

S7-1200控制器基础知识

学习目标：

1. 掌握 S7-1215C PLC 的结构组成和工作原理。
2. 掌握 TIA 博途软件的使用方法。

机器人工作站的核心部件之一是主控系统，可以用作主控系统的处理器有单片机、ARM、DSP 和 PLC 等。单片机、ARM 和 DSP 在使用的时候都要根据需要设计相应的控制电路，设计、制造和调试的周期较长，当产品生产规模较小的时候，使得单个产品的成本较高。PLC 的性能在大多数情况下低于采用 ARM 或 DSP 开发的专用处理器，但是 PLC 是标准的工业处理器，使用方便，开发容易，在机器人工作站中应用最为广泛。因此，本书以西门子公司的 S7-1200 系列 PLC 为例，讲述 PLC 在机器人工作站主控系统中的应用。

SIMATIC S7-1200 是一款紧凑型、模块化的 PLC，可完成简单逻辑控制、高级逻辑控制、触摸屏和网络通信等任务，具有支持小型运动控制系统、过程控制系统的高级应用功能，对于需要网络通信功能和单屏或多屏触摸屏的自动化系统，易于设计和实施，是单机小型自动化系统较为理想解决方案的首选。S7-1200 PLC 将微处理器、集成电源、输入和输出电路、内置 PROFINET、高速运动控制 I/O 以及板载模拟量输入输出组合到一个设计紧凑的外壳中来形成功能强大的控制器。在用户下载程序后，CPU 将包含监控应用中设备所需的控制逻辑。CPU 根据用户程序逻辑监视输入并更改输出，用户程序可以包含布尔逻辑、计数、定时、复杂数学运算、运动控制以及与其他智能设备的通信等。

目前 SIMATIC S7-1200 系统有五种不同的模块，分别为 CPU1211C、CPU1212C、CPU1214C、CPU1215C 和 CPU1217C。每一种模块都可以进行扩展，以完全满足用户的系统需要。可以在任何 CPU 的前方加入一个信号板，轻松扩展数字或模拟量 I/O，同时不影响控制器的实际大小；也可以将信号模块连接至 CPU 的右侧，进一步扩展数字量或模拟量 I/O 容量。CPU1212C 可以连接 2 个信号模块，CPU1214C、CPU1215C 和 CPU1217C 可以连接 8 个信号模块。所有的 SIMATIC S7-1200 CPU 控制器的左侧均可连接多达 3 个通信模块，便于实现端到端的串行通信。

SIMATIC S7-1200 系列 PLC 有两种供电方式，分别是 AC 220 V 和 DC 24 V，还有两种输

出方式，分别是 DC 和 Rly，因此组合成了三种类型不同的 PLC，分别是 AC/DC/Rly 型、DC/DC/Rly 型和 DC/DC/DC 型。本书以 S7-1215C DC/DC/DC 型 PLC 为例来讲述 S7-1200 系列 PLC 的基础知识和使用方法。

SIMATIC S7-1200 常被选作机器人工作站中的主控系统。本章将系统地学习 S7-1215C PLC 的结构组成、工作原理以及 TIA 博途软件的安装与使用方法。

2.1　S7-1215C PLC 的结构

S7-1215C PLC 的外部结构由壳体、保护盖板和各种端口构成，如图 2-1 所示，端口被盖板所保护，故在正面无法直接观察到。

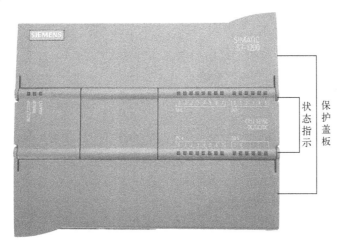

图 2-1　S7-1215C PLC 俯视图

去掉保护盖板后，PLC 的各种端口都可以直接观察到，如图 2-2 所示。

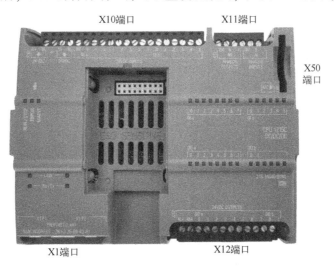

图 2-2　拆掉保护盖板的 S7-1215C PLC 俯视图

X10端口集成了1路DC 24 V电源输入接口、公共地接口、1路DC 24 V电源输出接口和14路DC 24 V信号输入接口。电源输入接口用于给PLC供电；电源输出接口用于给传感器供电，但在实践中一般闲置不用，以防止对PLC供电系统产生负面影响；信号输入接口用于连接按键、传感器等外部控制信号。

X11端口集成了2路10位分辨率的模拟输出接口和2路10位分辨率的模拟输入接口。模拟输出接口可以输出0~20 mA的电流信号，模拟输入接口则可以输入DC 0~10 V的电压信号。模拟输出接口用于驱动外部设备，如G120变频器等；而模拟输入接口则用于采集外部的模拟信号。若需要将模拟输出接口的电流信号转换为电压信号，可以在该接口上并联一个标准电阻即可；标准电阻的功率可以选择1/8 W或者1/4 W，其阻值大小则需要根据电压信号的范围来确定，可以采用$R=U/I$来进行计算。

X12端口集成了10路DC 24 V信号输出接口，用于驱动中间继电器、控制步进电动机等。

X1端口集成了2路PROFINET接口，可使用TCP/IP和ISO-on-TCP；支持S7通信，可用作服务器和客户机；RJ45接口有自协商和自动交叉线功能。

X50端口集成了1路外部存储卡接口，用于用户程序存储或备份。

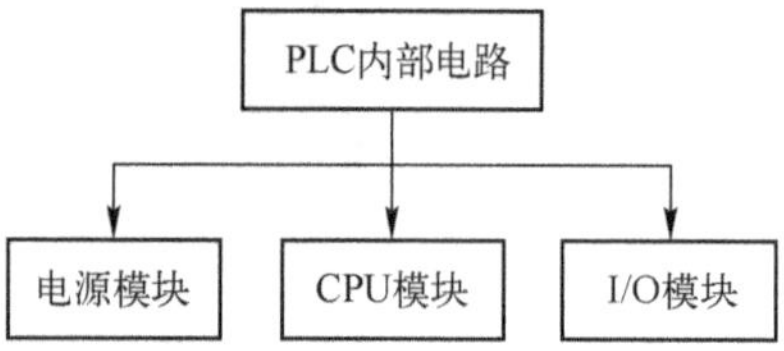

PLC电路一般由三部分构成——电源模块、CPU模块和I/O模块，这三个模块通过内部端子相连接，如图2-3所示。

图2-3　PLC电路结构图

S7-1215C PLC的内部结构如图2-4所示，从上到下依次是CPU模块、I/O模块和电源模块，三个模块之间通过双排排针连接。

图2-4　S7-1215C PLC的内部结构

电源模块——将输入的电源转换为系统所需的各种电源，如DC 24 V、DC 5 V、DC 3.3 V和DC 1.8 V等，以供系统各部分电路正常工作之用，如图2-5所示。

图 2-5 S7-1215C PLC 的电源模块

CPU 模块——采集 I/O 模块的输入信号、存储并分析用户程序、控制系统工作流程、驱动 I/O 模块的输出信号，如图 2-6 所示。

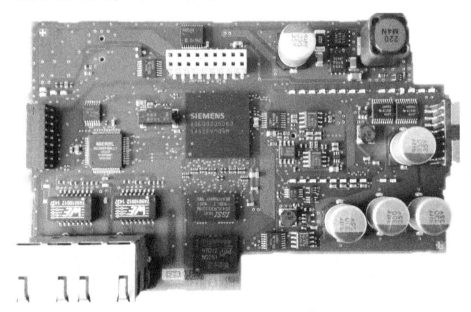

图 2-6 S7-1215C PLC 的 CPU 模块

I/O 模块——是 PLC 与外部设备进行通信的接口，将外部数字、模拟信号进行隔离输入，并将处理结果进行隔离输出，防止外部电平的波动对 PLC 的 CPU 模块产生危害，如图 2-7 所示。

图 2-7　S7-1215C PLC 的 I/O 模块

2.2　S7-1215C PLC 的 I/O 信号的设计与接线

　　S7-1215C PLC 的数字输入信号通过光电耦合器进行信号隔离，而且同时支持源极和漏极两种输入方式，其输入信号以源极和漏极输入方式的内部电路原理示意图如图 2-8 和图 2-9 所示。

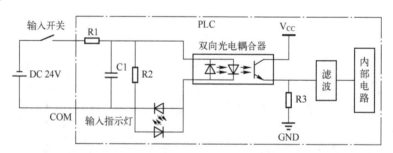

图 2-8　PLC 数字信号输入端子工作在源极输入方式

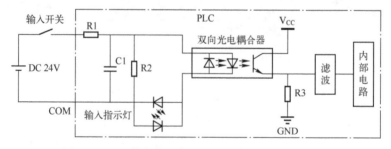

图 2-9　PLC 数字信号输入端子工作在漏极输入方式

S7-1215C PLC 的数字输出信号端通过光电耦合器和 P 沟道功率场效应管进行驱动隔离，其内部电路原理示意图及数字输出端子接线方式如图 2-10 所示。

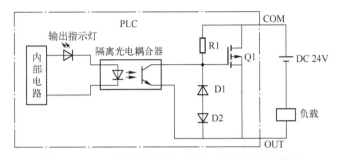

图 2-10　PLC 数字信号输出端子工作原理及接线图

在本书所讲述的机器人工作站中，所使用的 S7-1215C PLC 的数字输入端子均采用源极输入的接线方式，故此其 I/O 端子接线方式如图 2-11 所示。

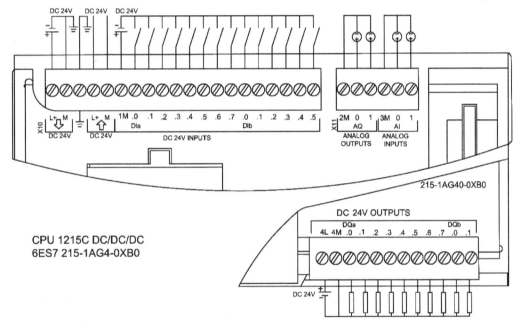

图 2-11　S7-1215C PLC I/O 端子接线图

在采用源极输入方式使用该型号 PLC 时，需要给 PLC 电源输入端口的 L+和 M 端子提供 DC 24 V 电源；输入接口 DIa 和 DIb 的 1M 端子要接电源正极；输出接口 DQa 和 DQb 的 4L 和 4M 要分别接 DC 24 V 电源的正、负极；其他部分接线方式按照图 2-11 所示接线即可。PLC 输出的 DC 24 V 电源用于给传感器供电，但其输出电流仅 400 mA，故此较为少用，以防止外部电路对 PLC 产生不良影响。

2.3　S7-1215C PLC 的扩展方法

S7-1200 系列提供了各种信号模块和信号板，可以根据实际使用的需要扩展 CPU 的外围功能；另外，PLC 还可以安装附加的通信模块以支持其他通信协议。PLC 及其扩展模块的一般布局如图 2-12 所示。

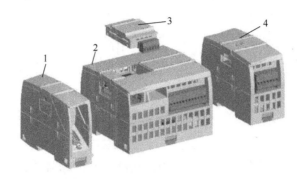

图 2-12 PLC 及其扩展模块的一般布局
1—通信模块（CM）或通信处理器（CP） 2—CPU 模块 3—插入式扩展板 4—信号模块 SM

在图 2-12 中，1 为通信模块（CM）或通信处理器（CP），为 CPU 增加其他的通信端口，如 RS-232、RS-485 通信等；2 为 S7-1200 的 CPU，在实际应用中可以是 CPU 1211C、CPU 1212C、CPU 1214C、CPU 1215C 或 CPU 1217C 等型号；3 为插入式扩展板，可以是信号板（SB），在实际应用中可以为数字 SB 或模拟 SB，为 CPU 提供附加的 I/O 端口；另外，3 也可以是通信板（CB）或者电池板（BB）。4 为信号模块（SM），在实际应用中可以为数字 SM、模拟 SM、热电偶 SM、RTDSM 或工艺 SM 等。西门子 PLC 常用的扩展模块见表 2-1。

表 2-1 PLC 常用扩展模块类型

序号	模 块		仅 输 入	仅 输 出	输入/输出组合
1	信号模块（SM）	数字量	8×DC 输入	8×DC 输出 8×继电器输出	8×DC 输入/8×DC 输出 8×DC 输入/8×继电器输出
			16×DC 输入	16×DC 输出 16×继电器输出	16×DC 输入/16×DC 输出 16×DC 输入/16×继电器输出
		模拟量	4×模拟量输入	2×模拟量输出	4×模拟量输入/2×模拟量输出
			8×模拟量输入	4×模拟量输出	
2	信号板（SB）	数字量	—	—	2×DC 输入/2×DC 输出
		模拟量	—	1×模拟量输出	—
3	通信模块（CM）			RS-485/RS-232	

2.3.1 插入式扩展板

S7-1215C CPU 支持一个插入式扩展板，扩展板的类型有三种：信号板（SB）、通信板（CB）和电池板（BB），该扩展板的外形如图 2-13 所示，其中 1 为 SB 上的状态指示灯，2 为可拆卸的用户连接器。各类型扩展板功能如下：

① 信号板（SB）可为 CPU 提供附加 I/O 端口。SB 连接在 CPU 的前端。

② 通信板（CB）可以为 CPU 增加其他通信端口。

③ 电池板（BB）可提供长期的实时时钟备份。

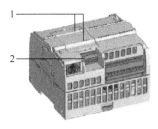

图 2-13　插入式扩展信号板外形图

1—SB 的状态指示灯　2—可拆卸用户连接器

2.3.2　信号模块（SM）

S7-1215C CPU 支持多个信号模块（SM），可以为 CPU 增加其他的功能。信号模块连接在 CPU 的右侧，为 CPU 增加数字量 I/O 接口、模拟量 I/O 接口、RTD 和热电偶接口以及 SM 1278 IO-Link 主站等功能，其外形及布局如图 2-14 所示，其中 1 为状态指示灯，2 为总线连接滑动接头，3 为可拆卸用户连接器。

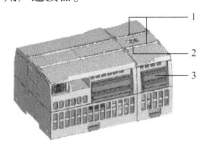

图 2-14　SM 信号板外形图及安装位置

1—状态指示灯　2—总线连接滑动接头　3—可拆卸用户连接器

2.3.3　通信模块（CM）和通信处理器（CP）

通信模块（CM）和通信处理器（CP）将增加 CPU 的通信选项，例如 PROFIBUS 或 RS-232/RS-485 的连接方式（适用于 PtP、Modbus 或 USS）或者 AS-i 主站。CP 可以提供其他通信类型的功能，例如通过 GPRS、IEC、DNP3 或 WDC 网络连接到 CPU。

S7-1215C CPU 最多支持三个 CM 或 CP，各 CM 或 CP 连接在 CPU 的左侧（或连接到另一个 CM 或 CP 的左侧），如图 2-15 所示，其中 1 为状态指示灯，2 为通信连接器。

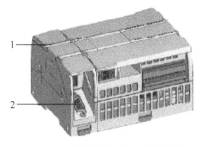

图 2-15　通信模块外形图及安装位置

1—状态指示灯　2—通信连接器

2.4 S7-1215C PLC 的工作模式

CPU 有三种操作模式：STOP 模式、STARTUP 模式和 RUN 模式。CPU 前面板的 LED 状态指示灯指示当前操作模式，其工作模式状态指示如图 2-16 所示，指示灯为黄色表示 STOP 模式，指示灯为绿色表示 RUN 模式，指示灯闪烁表示 STARTUP 模式。

当 PLC 工作在 STOP 模式下时，CPU 不执行任何程序，用户可以下载程序或者配置信息。

当 PLC 工作在 STARTUP 模式下时，CPU 会执行任何启动逻辑（如果存在），但不处理任何中断事件。

当 PLC 工作在 RUN 模式下时，重复执行扫描周期。在程序循环阶段的任何时刻都可能发生和处理中断事件。但是在 RUN 模式下，用户不能下载程序或者配置信息，必须切换到 STOP 模式下。

图 2-16　PLC 工作模式状态指示

其中，STARTUP 模式和 RUN 模式的执行过程如图 2-17 所示。

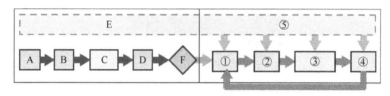

图 2-17　STARTUP 模式和 RUN 模式执行过程示意图

PLC 上电后，CPU 将根据 STARTUP 的设定进行相应的操作（冷启动、暖启动或热启动），不同的设置对用户数据及存储空间有不同的处理方法，但一般会进行如下几个步骤的操作：

A 清除过程映像的输入区（I 存储器）；

B 使用上一个值对输出进行初始化；

C 执行任意气动逻辑（包含在特殊代码块内）；

D 将物理输入的状态复制到 I 存储器；

E 在 RUN 模式期间所有中断事件都排队等候处理；

F 启动将过程映像的输出区（Q 存储器）写入到物理输出的事件。

当 CPU 进入 RUN 模式后，系统将按照如下步骤进行操作：

① 将 Q 存储器写入到物理输出；

② 将物理输入的状态复制到 I 存储器；

③ 执行用户程序逻辑；

④ 执行自检诊断；

⑤ 在扫描周期的任何时段处理中断和通信事件。

S7-1215C PLC 的基本指令以及程序设计方法将结合实训项目来学习，此处不再阐述。

2.5 TIA 博途软件的安装与使用

05 博途软件入门

TIA 博途（Totally Integrated Automation Portal）是西门子新一代全集成工业自动化的工程技术软件，是直观易用、高效可靠的工程框架。它是业内首个采用统一的工程组态和软件项目环境的自动化软件，几乎适用于所有自动化任务，借助该工程技术软件平台，用户能够快速、直观地开发和调试自动化系统。TIA 博途软件的主要组成部分如图 2-18 所示。

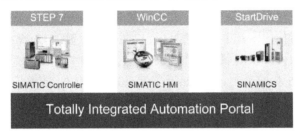

图 2-18 TIA 博途软件的主要组成部分

S7-1215C PLC 的开发必须在 TIA 博途软件中进行，因此本文将对 TIA 博途软件的组成、功能、安装方法及使用方法进行逐一阐述。TIA 博途软件当前有 V13、V14、V15 和 V16 等几个版本，因为本书所用的机器人工作程序是用 V13 开发的，故此处以 TIA 博途 V13 为例来学习该软件。

2.5.1 TIA 博途软件的组成及功能

TIA 博途 V13 软件包含 STEP7 Professional V13、WinCC V13 等组件，具体组成及功能见表 2-2。

表 2-2 TIA 博途 V13 软件组成及功能

序号	软 件 名 称	软 件 种 类	软 件 功 能
1	SIMATIC STEP 7 Professional V13	STEP 7 Basic	用于组态 S7-1200 系列 PLC
		STEP 7 Professional	用于组态 S7-1200、S7-1500、S7-300/400 和 WinAC 等型号 PLC
2	WinCC V13	WinCC Basic	用于组态精简系列面板
		WinCC Professional	用于可视化软件组态所有面板和 PC
3	PLCSim V13	—	用于 PLC 及 WinCC 仿真
4	Startdrive Standalone V13	—	用于变频器驱动类组态
5	SIMATIC TIAP V13 UPDX	—	STEP7 V13 和 WinCC V13 的更新版本 X

2.5.2 TIA 博途软件的安装

TIA 博途软件运行时对系统软硬件资源占用比较多，故此对计算机的配置及系统有严格的要求，若不能满足计算机系统配置的最低要求，则该软件的运行速度极为缓慢或者无法安装该软件。

安装 TIA 博途 V13 的计算机至少必须要满足以下需求：

➢ 处理器：CoreTM i5-3320M 3.3 GHz 或者能力相当的处理器。

➢ 内存：至少 8G。

➢ 硬盘：120GB SSD。

➢ 图形分辨率：最小 1920 像素×1080 像素。

➢ 显示器：15.6 英寸宽屏显示（1920 像素×1080 像素）。

安装 TIA 博途 V13 的计算机操作系统可以是 Windows 7（32 位或 64 位）、Windows 8 或者 Windows 10 操作系统。另外，在安装 TIA 博途 V13 软件的时候，必须取得管理员权限。

TIA 博途 V13 软件包含的功能较多，在安装的时候必须按照一定的顺序进行，才能够保证软件顺利安装并正常使用，其中 SIEMENS 授权文件 Sim_EKB_Install 最先安装或者是最后安装均可，但是其他软件必须按照固定的顺序安装。一般 TIA 博途 V13 安装的时候是先安装 SIMATIC_STEP_7_Professional_V13，然后安装 WinCC V13，接着安装 PLCSim V13，紧接着安装 SIMATIC_TIAP_V13_UPDX，最后安装 Startdrive_Standalone_V13。所有软件在安装的时候，系统对安装步骤均有提示，按照提示安装即可。TIA 博途 V13 软件安装的一般顺序见表 2-3。

表 2-3　TIA 博途 V13 软件安装的一般顺序

软件安装顺序	软 件 名 称
1	SIMATIC_STEP_7_Professional_V13
2	WinCC V13
3	PLCSim V13
4	SIMATIC_TIAP_V13_UPDX
5	Startdrive_Standalone_V13

注意：如果在软件安装过程中，系统提示重新启动，应选择"否"。然后进入注册表编辑器，找到注册表中的 HKEY_LOCAL_MACHINE \ SYSTEM \ ControlSet001 \ Control \ Session Manager，选中 PendingFileRenameOperations 项目，将该项目删除后便可以继续安装。

2.5.3　TIA 博途软件的使用方法

TIA 博途 V13 安装完毕后，系统会自动在计算机桌面上添加 TIA 博途 V13 的图标，双击该图标便可打开博途软件，如图 2-19 所示。

在图 2-19 中，左侧一列是 TIA 博途软件的工作视图切换窗口，TIA 博途软件提供了两个不同的工作视图：Portal 视图和项目视图，通过它们可快速访问工具箱和各个项目组件。Portal 视图支持面向任务的组态，而项目视图支持面向对象的组态。用户可以随时使用用户界面左下角的链接在 Portal 视图和项目视图之间切换。在组态期间，视图也会根据正在执行的任务类型自动切换。中间一列是不同工作视图对应的可用操作；右边一列是所选操作对应的选择窗口。

在图 2-19 中，单击"创建新项目"选项，便可进入如图 2-20 所示的新项目创建窗口。输入项目名称和路径后，单击"创建"按钮，便可进入如图 2-21 所示的项目导航窗口。这

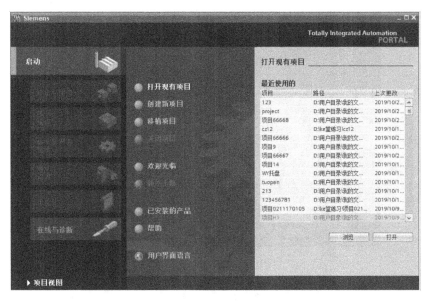

图 2-19　TIA 博途软件初始界面

里有组态设备、创建 PLC 程序、组态工艺对象和组态 HMI 画面等选项，单击"组态设备"，便可选择相应的硬件进行组态，如图 2-22 所示。在组态设备导航窗口中，单击"添加新设备"，便可进入添加新设备窗口，如图 2-23 所示。在添加新设备窗口中，可以添加 PLC、触摸屏、控制器和驱动器等选项，如果博途软件没有完整安装，那么只有前三项的内容，但不影响软件的正常使用。这里选择"控制器"选项，进入 PLC 的选择窗口，如图 2-23 和图 2-24 所示。选择 PLC 的时候不仅要选择 PLC 的型号和订货号，而且还要确定 PLC 的版本号，这些参数都可以通过 PLC 的铭牌获取。按照该方法，可以分别添加触摸屏和变频器等设备，此处不再赘述。

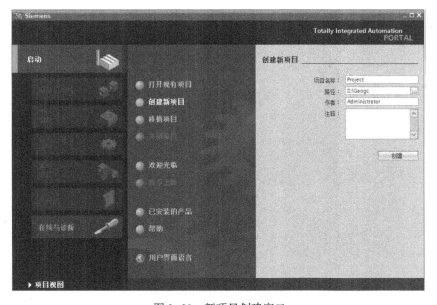

图 2-20　新项目创建窗口

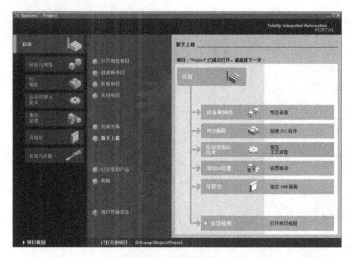

图 2-21　项目导航窗口

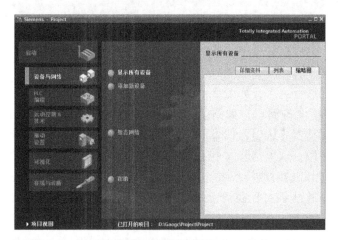

图 2-22　组态设备导航窗口

图 2-23　添加新设备窗口

图 2-24 PLC 选择窗口

选择 PLC 后，系统自动进入项目视图，如图 2-25 所示。在 PLC 组态的窗口中有三个视图，分别是拓扑视图、网络视图和设备视图。拓扑视图用来配置网络上所有装置连接端口的详细接法；网络视图是整个项目的总览；设备视图是用来组态网络视图上每一个装置的详细配置。在设备视图上双击 PLC 便可进入 PLC 配置窗口，如图 2-26 所示。在 PLC 配置窗口中，可以根据需要对 PLC 的名称、用户界面语言、PROFINET 接口、日时间、系统和时钟存储器、脉冲发生器和高速计数器等进行选择和配置。

图 2-25 项目视图

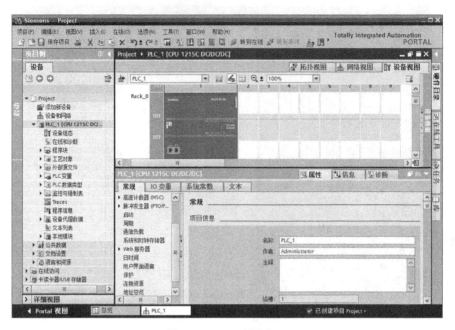

图 2-26　PLC 配置窗口

当 PLC 配置完毕后，便可以在左侧项目树下的设备窗口中，选择该 PLC 子目录下的程序块中的 Main[OB1] 程序，进入程序编辑界面，如图 2-27 所示。在程序编辑窗口中不仅可以编辑程序，而且还可以对程序进行调试、在线监控、下载和上传等操作。

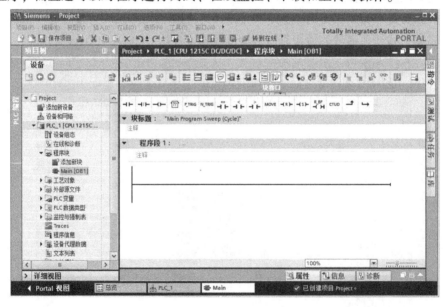

图 2-27　Main 程序编辑窗口

另外，在设备窗口中，还可以访问和计算机在同一网段内的所有已经开机的设备，如图 2-28 所示。单击"在线访问"选项，双击和设备连接的计算机的网卡选项下的"更新可访问的设备"选项，等待系统刷新片刻，即可显示可以访问的设备，如图 2-28 项目树中显

示的 hmi_1［192.168.8.2］和 PLC_1［192.168.8.1］两台设备。如果需要查看在线设备的具体
内容，双击项目树中"在线和诊断"选项即可进入相关设备在线访问窗口。

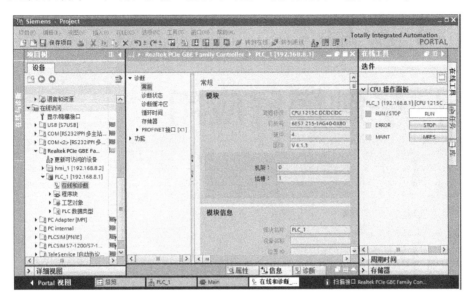

图 2-28 访问在线设备窗口

S7-1215C PLC 的基础知识就介绍到这里，详细的应用请参考其他章节的内容。

思考与练习

1. 简答题
（1）简述 S7-1215C PLC 的内部结构组成及各部分的作用。
（2）简述 S7-1215C CPU 常用扩展模块类型有哪些，分别有什么特点。
（3）简述 S7-1215C PLC 的工作模式有几种，每种工作模式有什么作用。
（4）TIA 博途软件有几部分组成？每部分的主要功能是什么？
（5）在 TIA 博途软件中，如何在线修改 PLC 的 IP 地址？

2. 思考题
TIA 博途软件是否可以对 S7-300 系列 PLC 进行开发？其开发过程与 S7-1200 系列 PLC
的开发过程有何异同？

第3章

西门子触摸屏应用

学习目标：

1. 掌握西门子触摸屏 TP700 Comfort 的使用方法。
2. 掌握西门子触摸屏 TP700 Comfort 控制 S7-1200 PLC 的详细步骤和方法。

人机界面（Human-Machine Interface，简称 HMI），又称用户界面或使用者界面，是人与计算机之间传递、交换信息的媒介和对话接口，是计算机系统的重要组成部分，是系统和用户之间进行交互和信息交换的媒介，它实现信息的内部形式与人类可以接受形式之间的转换。人机界面大量运用在工业生产中，可以分为输入（Input）与输出（Output）两种形式；输入是指由操作人员对设备进行的操作，如启动、停止和参数输入等，而输出是指由设备发出的信息，如故障、警告、操作说明和提示等。良好的人机接口会帮助使用者更简单、更准确、更迅速地操作机械，也能使机械发挥最大的效能并延长使用寿命。特定行业的人机界面可能有特定的定义和分类，如工业人机界面（Industrial Human-Machine Interface，简称 Industrial HMI）。通常把有触摸输入功能的人机界面称为触摸屏。

触摸屏是操作人员和设备之间进行相互沟通的窗口和界面，操作人员只需用手轻轻触摸显示屏幕上的图符或文字，就可以实现对主机的控制操作；同时也可以通过显示屏幕监控、管理设备的运行状态，随时处理设备运行的反馈信息，因此触摸屏在机器人工作站中也得到了广泛的应用。本书所介绍的机器人工作站中的触摸屏为西门子 TP700 Comfort，故本章将以该型号的触摸屏为例来学习其使用方法。

3.1 TP700 触摸屏简介

TP700 Comfort 精智面板是西门子触摸型面板产品系列，其屏幕尺寸为 7 英寸，具有 2 个 PROFINET 接口、1 个 PROFIBUS 接口、2 个 USB 2.0 接口和 2 个存储卡插槽，如图 3-1 所示。其接口及安装孔位置如图 3-2 所示。

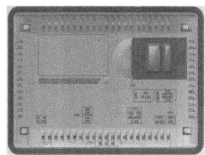

图 3-1 TP700 外形图

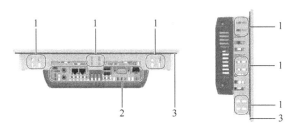

图 3-2 TP700 安装孔及接口位置图

1—装配夹切口 2—接口 3—密封圈

TP700 的接口如图 3-3 所示。

图 3-3 TP700 的接口

1—电源接口 2—电位均衡接口（接地） 3—PROFIBUS（Sub-D RS422/485）接口 4—USB A 型接口
5—PROFINET 接口 6—音频输出线 7—USB 迷你 B 型接口

在机器人工作站中使用该型号触摸屏的时候，仅需要给触摸屏提供 DC 24 V 的电源，并且将 PROFINET 接口与主控 PLC 或者编程计算机连接即可，其他接口暂不使用。

3.2 TP700 触摸屏的应用

06 西门子触摸屏入门

在学习本课程之前，学生已经完成了"工业组态控制技术综合课"的学习，故此处仅通过实例来学习 TP700 Comfort 触摸屏的使用方法，若有不理解之处，请参考《深入浅出西门子人机界面》一书。

一台 S7-1215C PLC 和一台 TP700 触摸屏通过 PORFINET 总线进行通信，传输位变量和整型变量。触摸屏的界面设计如图 3-4 所示，其中，按键"点亮"和"熄灭"用来控制指示灯的点亮与熄灭；数据输入框的数据是触摸屏发送至 PLC 的，而数据输出框的数据则是 PLC 发送至触摸屏的。

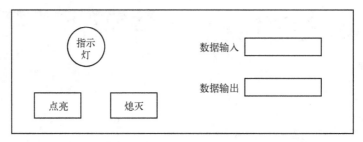

图 3-4　触摸屏界面示意图

3.2.1　项目建立及组态

打开 TIA 博途软件，按照第 2 章的步骤建立项目，并添加 S7-1215C PLC，PLC 和触摸屏的型号、订货号和版本号见表 3-1。

表 3-1　PLC 和触摸屏的型号、订货号和版本号

序　号	部件名称	部件型号	订货号	版本号
1	PLC	S7-1215C DC/DC/DC	6ES7 215-1AG40-0XB0	V4.0
2	触摸屏	TP700 Comfort	6AV2 124-0GC01-0AX0	V13.0.0.0

PLC 添加完毕后，需要在设备视图对 PLC 的"以太网地址"和"日时间"选项进行设置。以太网地址要根据实际需要进行设置，使得工作组中所有的设备在同一网段即可；日时间选择北京时间即可。设置后的效果如图 3-5 和图 3-6 所示。

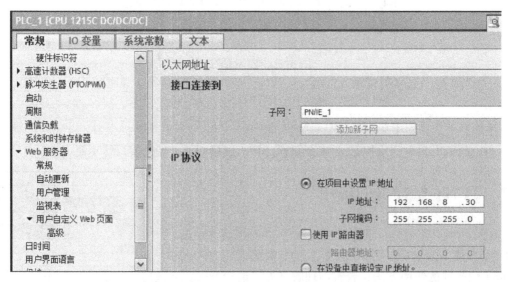

图 3-5　以太网地址组态

在 PLC 的默认变量表中添加本项目所需要的变量，这里需要为本项目添加"点亮"和"熄灭"的按键控制变量 M0.0 和 M0.1、"指示灯"控制变量 M0.2 和"数据输入"与"数据输出"控制变量 MW1 和 MW4，变量的具体名称、类型和地址的配置见表 3-2，变量添加

后的效果如图 3-7 所示。

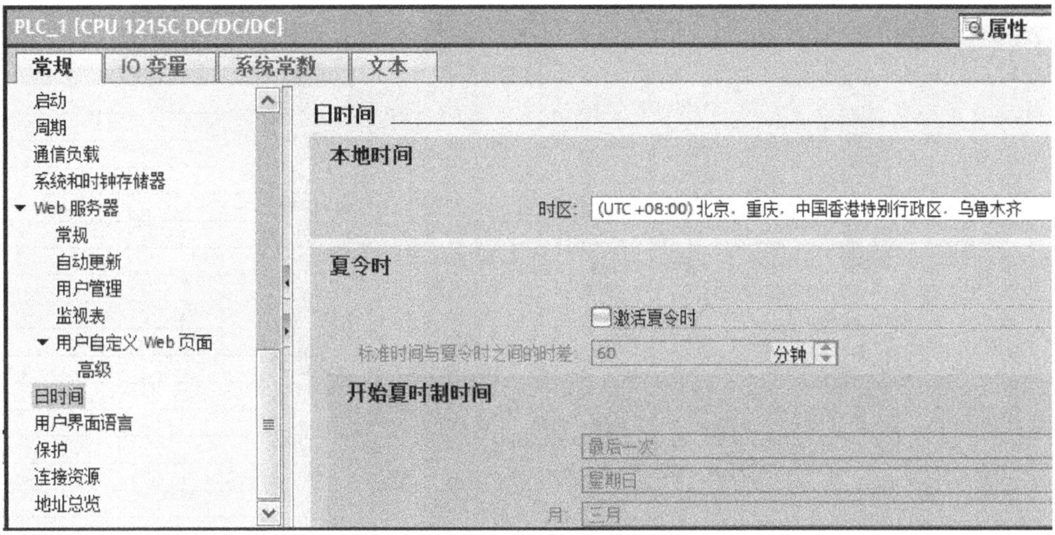

图 3-6　日时间组态

表 3-2　PLC 变量表

序　号	变量名称	变量类型	变量地址
1	点亮	Bool	M0.0
2	熄灭	Bool	M0.1
3	指示灯	Bool	M0.2
4	数据输入	Int	MW1
5	数据输出	Int	MW4

图 3-7　PLC 默认变量表

在左侧项目树中单击"添加新设备",为工程添加一个 TP700 触摸屏,并将其和 PLC 通过 PROFINET 总线连接,如图 3-8 和图 3-9 所示。

然后进入"网络视图",配置触摸屏的 IP 地址。此处触摸屏的 IP 地址需要和 PLC 的 IP 地址在同一网段,如图 3-10 所示。

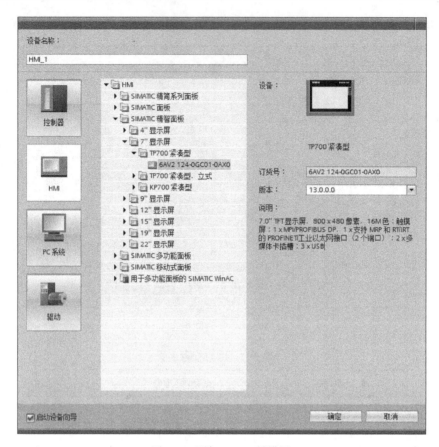

图 3-8　添加 TP700 触摸屏

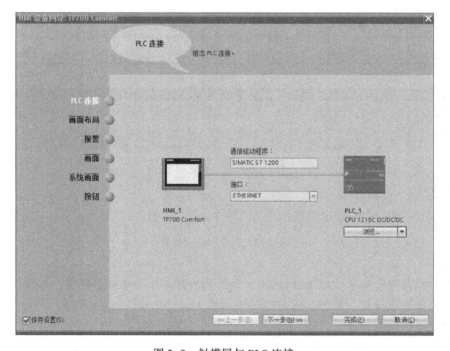

图 3-9　触摸屏与 PLC 连接

图 3-10　组态触摸屏 IP 地址

3.2.2　触摸屏界面的设计

进入触摸屏的"根画面"，并将画面上不用的图标删除，如图 3-11 所示。

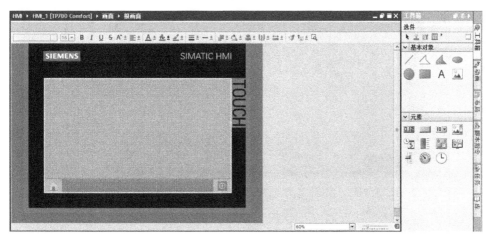

图 3-11　触摸屏根画面

然后将工具箱中所需的图标拖入根画面，并修改显示的文字，画面效果如图 3-12 所示。

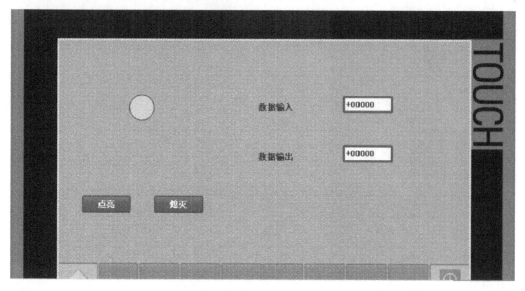

图 3-12 触摸屏根画面显示效果

3.2.3 触摸屏对象与变量连接

触摸屏的显示画面设计完成后还不能使用，因为各对象没有和相关变量连接，所以无法驱动其达到设计的效果，故此需要将对象与相应的变量相连接。

单击代表指示灯的圆形图标，在其属性中选择"动画"选项，并单击"添加新动画"，在弹出的对话框中选择"外观"选项，如图 3-13 所示。添加后的效果如图 3-14 所示。

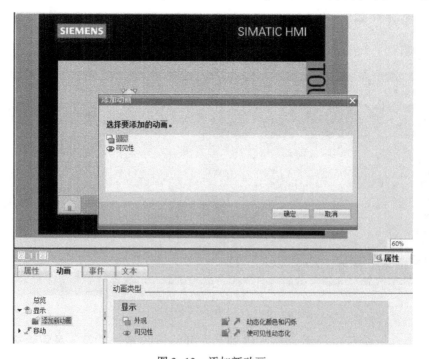

图 3-13 添加新动画

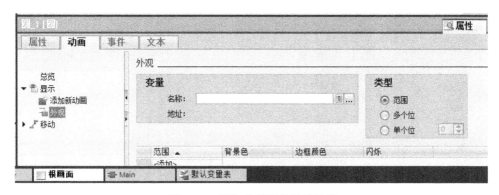

图 3-14　添加外观后的属性选项

在变量的"名称地址"一栏中，选择已经建好的 PLC 变量，如图 3-15 所示。

图 3-15　关联变量

然后选择显示的颜色及范围，在这里设定指示灯的值为"0"时显示红色，为"1"时显示绿色，如图 3-16 所示。

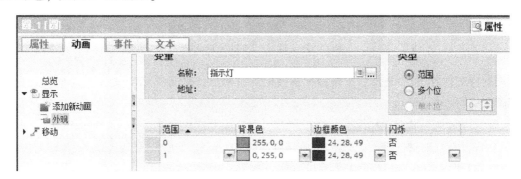

图 3-16　选择变量值及对应的显示背景色

选择"点亮"按键，在属性中选择"事件"选项卡中的"按下"选项，如图 3-17 所示。然后单击"添加函数"，为"按下"按键的动作添加处理函数。从"系统函数"中选择"编辑位"中的"置位位"函数，并且为该函数的变量选择"点亮"变量，如图 3-18和图 3-19 所示。用同样的操作，选择"释放"选项，为该按键添加处理函数"复位位"，

图 3-17 按键事件处理窗口

并为其添加变量"点亮",如图 3-20 所示,至此该按键的处理函数添加完毕。

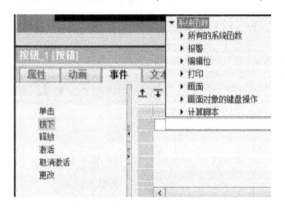

图 3-18 系统函数界面

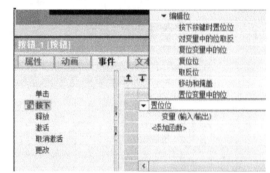

图 3-19 编辑位函数界面

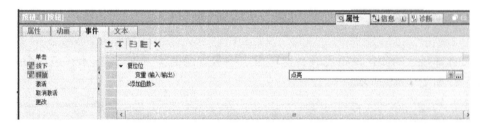

图 3-20 "释放"按键处理函数

用同样的操作为"熄灭"按键添加相同的处理函数,并为其选择变量"熄灭",处理结果如图 3-21 所示。

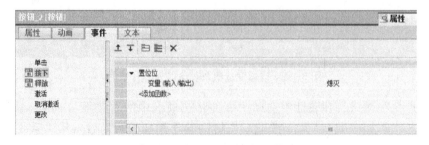

图 3-21 "熄灭"按键处理函数

　　数据输入和数据输出框，仅需要为其连接变量即可。单击数据输入框，选择"动画"中的"变量连接"，在弹出菜单中选择"过程值"，如图 3-22 所示，然后为其添加变量"数据输入"，如图 3-23 所示。同样的道理，可以为数据输出框添加绑定变量"数据输出"，此处不再赘述。

图 3-22　添加过程值

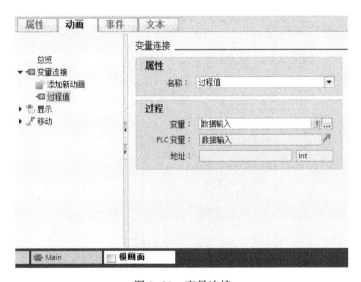

图 3-23　变量连接

　　在 PLC 的 Main 程序中，输入控制指示灯点亮与熄灭以及数据输入与输出的控制程序，如图 3-24 和图 3-25 所示。然后将所有的程序编译、修改其中的错误并保存。

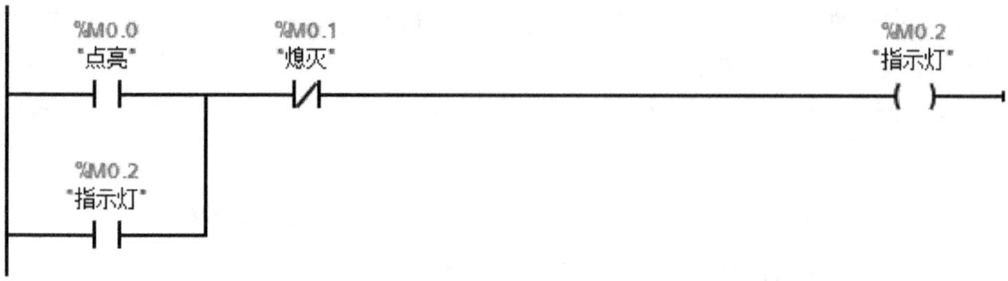

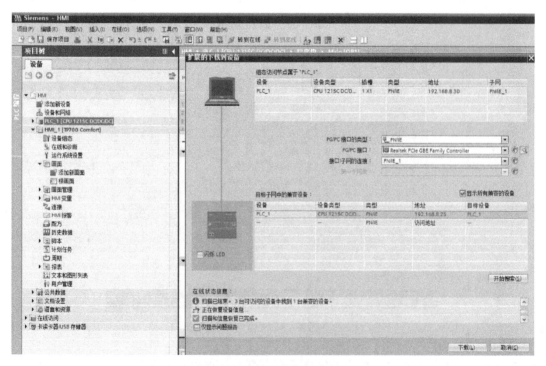

图 3-24　指示灯控制程序

图 3-25　数据输入、输出控制程序

3.2.4　程序下载与运行

在项目树中选择 PLC 所在条目，单击"下载"图标，配置并搜索 PLC，如图 3-26 所示。选择 PLC 后，并单击"下载"按钮，在弹出的对话框中，选择全部停止即可开始下载程序，如图 3-27 所示。

图 3-26　搜索下载程序所需的 PLC

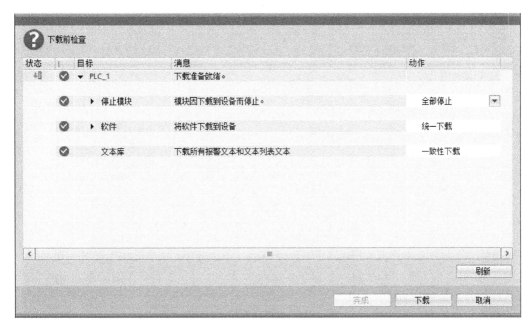

图 3-27 PLC 程序下载

用同样的方法，在项目树中选择触摸屏所在条目，将触摸屏程序下载到 TP700 中，便可以运行程序，如图 3-28 和 3-29 所示。

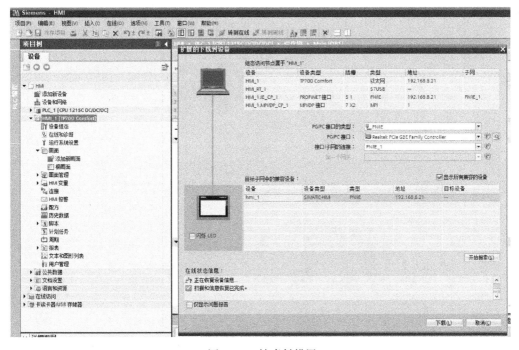

图 3-28 搜索触摸屏

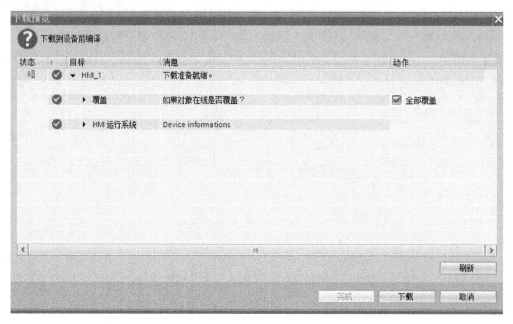

图 3-29　触摸屏程序下载

在 Main 程序界面，单击"在线监控"图标，进入程序监控画面，如图 3-30 所示。

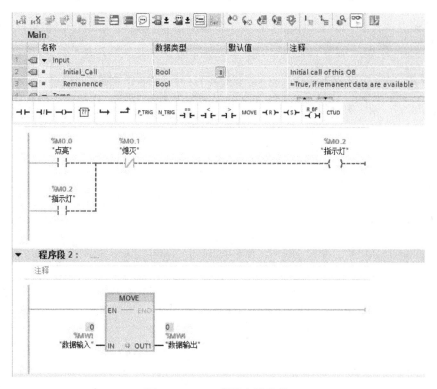

图 3-30　PLC 程序在线监控

在触摸屏上操作，可以分别从 PLC 程序及触摸屏中查看程序执行结果，如图 3-31 和 3-32 所示。

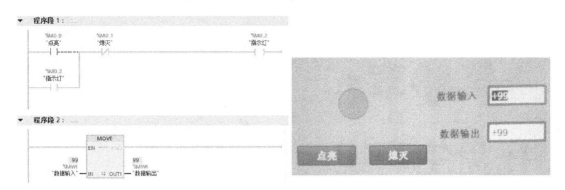

图 3-31　指示灯点亮与数据传输

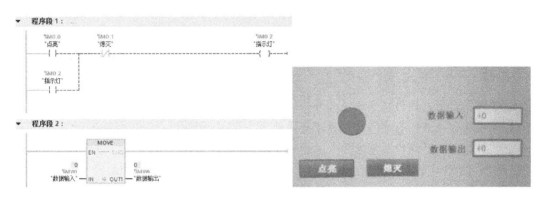

图 3-32　指示灯熄灭

思考与练习

1. 简答题

（1）简述 TP700 Comfort 可以采用哪些方式与上位机通信。

（2）简述在触摸屏上建立一个指示灯的操作过程。

（3）简述触摸屏对象与变量连接的方法。

（4）简述如何在线修改触摸屏的 IP 地址。

2. 思考题

设计一个三路抢答控制系统，用 PLC 和触摸屏进行控制和显示，要求如下：触摸屏画面上有 3 组抢答按键，1 个开始按键，一个复位按键，3 个指示灯。主持人按下触摸屏上的开始按键后，参赛者若要回答主持人所提出的问题时，最先按下抢答按键的组，对应指示灯亮，其他组再按下无效。

第4章

托盘生产线

学习目标：

1. 了解托盘生产线的组成以及各部分的功能。
2. 掌握托盘生产线电路的工作原理及设计方法。
3. 掌握托盘生产线的工作流程及驱动程序的设计。

随着自动化技术的发展，自动化生产线在生产实际中的应用越来越多，它能够有效节约成本，提高生产效率，减轻工人的劳动强度。机器人工作站根据实际工作的需要，可以集成不同类型的自动化生产线，用来完成物料的输送、分拣、装配等一些工业生产中常见的、重复性的操作，而本章所讲述的托盘生产线用来实现物料的输送和视觉检测功能。

4.1 托盘生产线的结构

07 托盘生产线的结构及工作原理

托盘生产线的机体框架由铝型材组成，另外还有生产线驱动与传动装置、链式传送带、气动装置、位置检测装置、红外通信装置、托盘收集装置和视觉检测装置等几部分，如图4-1所示。

托盘生产线驱动与传动装置由三相交流电动机、减速器和链传动机构组成。三相交流电动机由变频器驱动，其输出轴连接减速器进行减速；减速器的输出轴驱动链传动机构，这样不仅改变了传动方向，而且减小了传动机构的安装空间尺寸；链传动机构的输出轴与链式传送带的驱动轴共轴，从而驱动链式传送带工作，如图4-2所示。

链式传送带安装于托盘生产线上部，由托盘导向装置、驱动轴、链条、从动轴和链条支撑机构五部分构成；托盘导向装置由两个悬空安装的导向轴承和导向挡板组成，导向轴承如图4-2所示，用来为托盘进入托盘生产线提供导向作用，使托盘顺利进入托盘生产线，并沿生产线向前运动；驱动轴用来驱动链条传动；从动轴和驱动轴配合使用，为链条传动提供一端支撑并可以调整链条的松紧；链条支撑机构用来调节下部链条的高度，防止链条在传动过程中因受到重力下垂与托盘生产线其他部位发生干涉。链式传送带各部分的布局如图4-3所示。

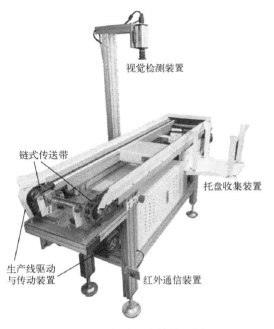

视觉检测装置

链式传送带

托盘收集装置

生产线驱动
与传动装置

红外通信装置

图 4-1 托盘生产线外观图

导向轴承

图 4-2 托盘生产线电动机与传动装置

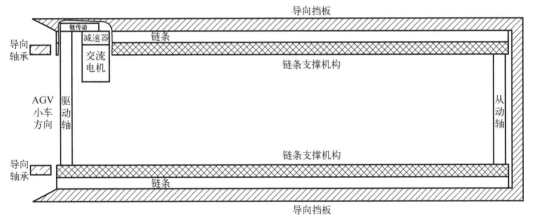

导向挡板

链传动

减速器

交流
电机

链条

链条支撑机构

导向
轴承

AGV
小车
方向

驱
动
轴

从
动
轴

链条支撑机构

导向
轴承

链条

导向挡板

图 4-3 链式传送带布局图

为了区分托盘在托盘生产线中的位置，在链式传送带上划分了 6 个工位，如图 4-4 所示。其中，①工位用来对托盘中的物料进行分拣，④工位用来对托盘中的物料进行视觉检测，托盘收集处用来收集空托盘。

托盘生产线中使用了两个限位气缸来限定托盘在生产线中的位置，并且分别安装于①、②工位和③、④工位的交界处，如图 4-4 所示。拍照气缸用来限定已经进入视觉检测工位的托盘位置，使其在视觉检测期间保持相对静止，以便于获取稳定的检测图像；阻挡气缸则是对已经进入物料分拣工位的托盘进行隔离，使其在该工位保持相对静止，防止已经进入②工位的托盘与其产生积压，从而影响其位置精度，对后续的分拣工作产生不利影响。

托盘生产线使用了 3 个光电开关来检测托盘在生产线中的位置，分别安装于①、②工位交界处，④、⑤工位的交界处和⑥工位的入口处，如图 4-4 所示。光电开关 1 用来检测是否有托盘进入生产线，并可以用来记录托盘的数量；光电开关 2 用来检测即将进行视觉检测的

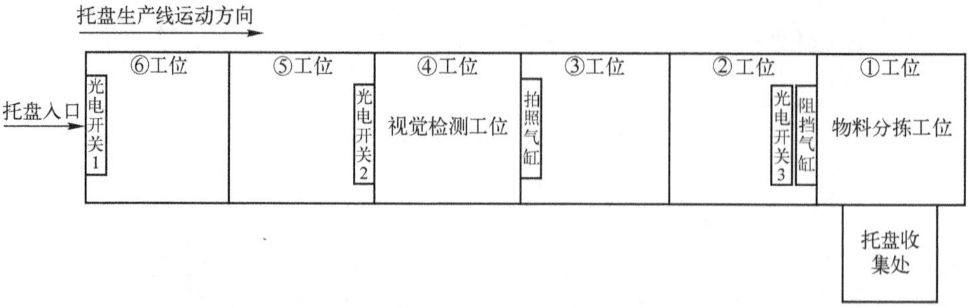

托盘生产线运动方向 →

⑥工位	⑤工位	④工位	③工位	②工位	①工位
光电开关1	光电开关2	视觉检测工位	拍照气缸	光电开关3 / 阻挡气缸	物料分拣工位

托盘入口 →

托盘收集处

图 4-4　托盘生产线工位布局图

托盘是否完全进入④工位，并为拍照气缸的动作提供触发信号；光电开关 3 用来检测托盘是否完全进入①工位，并为阻挡气缸的动作提供触发信号。

　　红外通信装置通过两个光电开关与 AGV 小车通信，其安装于靠近 AGV 小车一侧的框架上，与 AGV 小车上具有同样功能的光电开关的位置一致。这两个光电开关为对射式红外光电开关，一个用来发射红外线给 AGV 小车，一个用来接收 AGV 小车发射的红外线。当 AGV 小车靠近或者远离托盘生产线的时候，可以通过这对光电开关与托盘生产线进行通信，如图 4-5 所示。

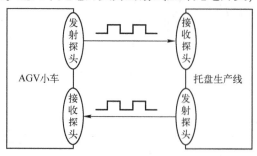

　　另外，托盘收集装置是用来收集空托盘的；视觉检测装置用来对托盘中物料的数量、形状及缺陷进行检测，并将数据发送至 PLC。视觉检测装置的结构及详细使用方法请参考"视觉识别系统及应用"一章。

图 4-5　托盘生产线与 AGV 小车通信示意图

4.2　托盘生产线的工作原理

　　当系统运行的时候，AGV 小车携带装有工件的多个托盘沿着规定的路线，向托盘生产线的方向运动。当其靠近托盘生产线时，AGV 小车和托盘生产线进行通信，从而触发托盘生产线开始工作。托盘生产线通过链式输送机构接收托盘并计数，当所有托盘接收完毕后，AGV 小车返回立体仓库方向，而托盘生产线继续工作。

　　托盘由⑥工位进入生产线，并由光电开关 1 计数；当托盘通过⑤工位进入④工位时，由光电开关 2 检测其位置，当其完全进入④工位后，拍照气缸伸出，将其阻挡在④工位，由视觉检测装置对其进行检测，检测完毕后拍照气缸收回，将托盘释放；当托盘通过②工位进入①工位时，由光电开关 3 检测其位置，当其完全进入①工位后，阻挡气缸伸出，将其后的托盘挡住；PLC 读取视觉检测的数据，并将其处理后，发送至机器人，由机器人吸取该工位托盘中的工件；机器人将所有工件处理完毕后，将空托盘放置于托盘收集装置中；以上操作完成后，阻挡气缸收回，允许其他托盘进入①工位，进行下一轮操作。

4.3　托盘生产线的气路

　　托盘生产线使用阻挡气缸和拍照气缸来限定托盘在①工位和④工位的位置，其气路如

图 4-6 所示。空气经空压机压缩，生成的高压气体存入储气罐内，然后通过气源处理、气压表后由三通对压缩空气进行分配，一部分进入汇流板，分别给两个两位五通电磁阀供气，另一部分给机器人供气。电磁阀与气缸连接的通道均安装有节流阀，以便调节气缸的工作速度。为了防止气缸输出轴在运动中发生转动，此处选用的限位气缸均为双杆气缸。

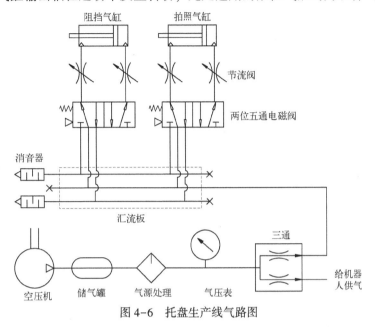

图 4-6　托盘生产线气路图

4.4　托盘生产线的电路

托盘生产线的电路主要由供电电路、托盘生产线驱动电路、控制电路和视觉检测电路四部分构成，其中供电电路为整个系统提供电能；托盘生产线驱动电路驱动托盘生产线运转；控制电路用于控制托盘生产线所有部件的工作，实现预定的工作流程；视觉检测电路用来给视觉检测系统供电并控制其拍照启动。此处主要介绍前三部分电路，视觉检测电路在"视觉识别系统及应用"一章中详述，此处不再赘述。

4.4.1　供电电路

机器人工作站的供电电路用于给除了立体仓库和 AGV 小车之外的所有系统供电。输入 AC 380 V 电源通过开关 QF0 后，直接给电源指示灯 HL1 和机器人供电，并继续向前传输；AC 380 V 电源通过开关 QF1 后被分为两路，一路通过交流接触器 KM1 为托盘生产线变频器供电，另外一路通过开关 QF2 和隔离变压器 T1 后，将 AC 380 V 电源转换为 AC 220 V 电源；AC 220 V 电源再次被分为两路，一路通过开关 QF3 后为系统的调试设备供电，另外一路通过开关 QF4 后，输入开关电源 V2 和滤波器 L1；开关电源 V2 将 AC 220 V 电源转换为 DC 48 V 电源，为步进驱动器供电，AC 220 V 电源通过滤波器 L1 后为相机和开关电源 V1 供电，V1 输出的 DC 24 V 电源为系统控制回路、集线器和触摸屏供电。系统的急停按钮有两个，分别安装在主控制柜和托盘生产线上，用来控制步进驱动器和托盘生产线变频器 KM1 的供电，当按下其中任何一个的时候，这两部分电路的供电将同时被切断，详细供电电路如图 4-7 所示。

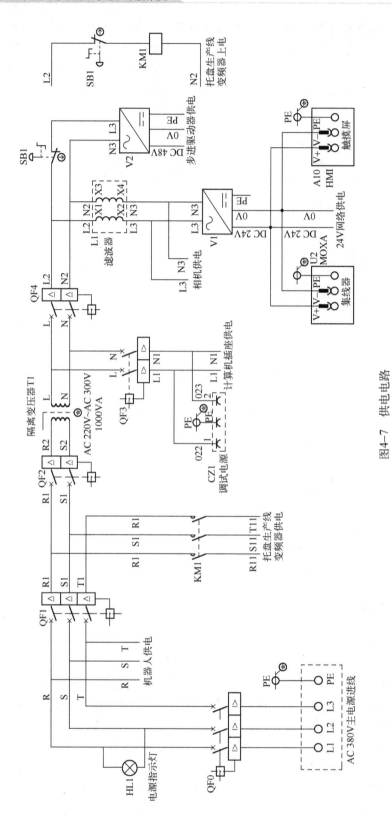

图4-7 供电电路

4.4.2　驱动电路

托盘生产线驱动电路通过变频器驱动托盘生产线电动机，电动机输出转矩通过减速器降速后驱动链式传送带传动。在该型号工业机器人工作站中，不同生产批次的托盘生产线分别采用了西门子公司的 MM420 和 G120 两种变频器中的任意一种，故本书分别对这两种变频器进行讲解。在托盘生产线中，变频器驱动三相电动机实现链式传送带的正转、反转和停止等运动，而且链式传送带在工作的时候保持运动速度恒定。

MM420 变频器在正常工作的时候除了变频器供电输入和电动机供电输出之外，还需要给其提供所需的控制信号。在托盘生产线中，电动机的速度控制是采用模拟量控制来实现的，因此需要将变频器的模拟量输入端子 AIN+ 和 AIN− 分别与 PLC 的模拟量输出端子 AQ+ 和 AQ− 连接；电动机的正转和反转控制分别由 PLC 的 Q0.2 和 Q0.3 端子驱动变频器的数字输入端子 DIN1 和 DIN2 来实现的；变频器的故障复位信号由 PLC 的 Q0.4 给出，而变频器的故障输出信号则输入到 PLC 的 I1.1 端子。MM420 变频器驱动托盘生产线的详细电路图如图 4-8 所示。

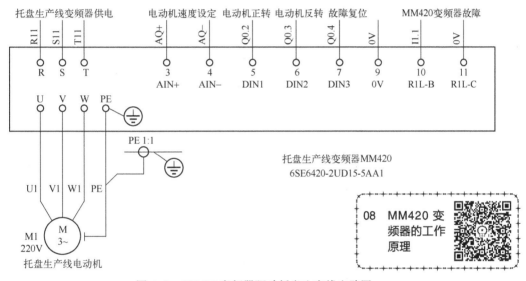

图 4-8　MM420 变频器驱动托盘生产线电路图

SINAMICS G120 系列变频器是为交流电动机提供经济的高精度的速度/转矩控制的三相交流电动机驱动设备。按照尺寸的不同，功率范围覆盖 0.37~250kW，广泛适用于变频驱动的应用场合。G120 系列变频器一般由功率模块、控制模块和 BOP 面板（可选件）构成。托盘生产线中所用的 G120 变频器由功率模块 PM240、控制模块 CU240E-2PN 和 BOP 面板组成，其型号、订货号和版本号见表 4-1。

表 4-1　托盘生产线中所用 G120 变频器的组成

序号	部件名称	部件型号	部件订货号	版本号
1	控制模块	CU240E-2PN	6SL3244-0BB12-1FA0	V4.5
2	功率模块	PM240 功率模块（不带内置进线滤波器）	6SL3224-0BE15-5UA0	—
3	BOP 面板	BOP-2	6SL3255-0AA00-4CA1	—

G120 变频器在使用之前需要对其功率模块和控制模块的电路分别进行设计。功率模块 PM240 将输入的 AC 380 V 电源处理后驱动额定电压为 AC 380 V 的三相电动机,若电动机带有抱闸装置,则需要将其与功率模块输出的抱闸信号相连接;功率模块还应根据实际需要选配合适的制动电阻。功率模块的接线方式如图 4-9 所示。

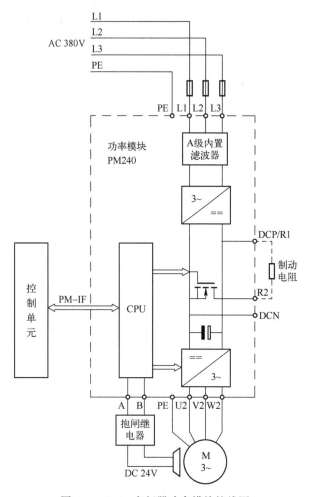

图 4-9　G120 变频器功率模块接线图

托盘生产线中的 G120 变频器控制模块采用 PROFINET I/O 通信,数据传输通过网络端口 P1 来实现。因为整个系统中通过网络通信的设备较多,故 G120 变频器控制模块通过集线器与 PLC 进行通信。G120 变频器控制模块的数字输入端子 DI1 和 DC 24 V 电源输出端子之间通过中间继电器 KA5 相连接,当 PLC 控制 KA5 闭合时变频器停止工作;数字输入端子 DI COM2 与 GND 端子直接连接,为数字输入信号提供参考地信号;数字量输出端子 DO2 NC 与 DC 24 V 电源连接,DO2 COM 与 PLC 输入端子 I1.4 连接,用于向 PLC 输出报警信号;+24 V IN 和 GND IN 端子分别与 DC 24 V 电源和电源地相连接,给变频器供 DC 24 V 电源输入,详细电路图如图 4-10 所示。

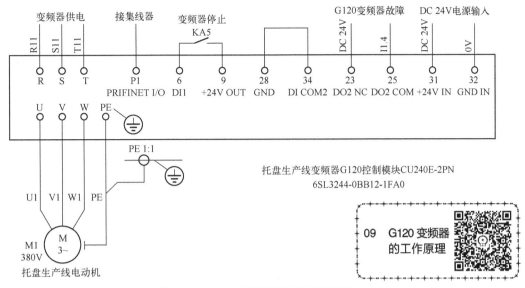

图 4-10 G120 变频器控制模块接线图

4.4.3 控制电路

本书所使用的机器人工作站采用 S7-1215C DC/DC/DC PLC 作为主控制器，并根据系统应用的需要扩展了 SM1223 I/O 模块，在本节只介绍机器人工作站公用信号以及与托盘生产线相关的信号，其余信号将在其他章节讲述。机器人工作站中实际使用的 I/O 信号分为两部分，一部分与 S7-1215C PLC 相连接，另一部分与 SM1223 模块相连接，下面将详细介绍每个 I/O 信号的地址分配及具体功能。

急停信号——当急停按键 SB1 被按下后，托盘生产线变频器的供电和工件盒生产线的步进驱动器的供电同时被切断，并且将急停信号发送给 PLC 的 I0.0 端子。

启动信号——当启动按键 SB2 被按下后，启动信号发送给 PLC 的 I0.1 端子，便可以控制系统按照设定的流程开始工作。

停止信号——停止信号分布在两个位置，一个是控制柜操作面板上的 SB3，一个是托盘生产线本体上的 SB4，当这两个按键中的任意一个被按下时，立即给 PLC 的 I0.2 端子发送停止信号。

拍照完成信号——托盘生产线上的视觉识别系统按照要求进行拍照，拍照完成后便发送信号给 PLC 的 I0.3 端子。

位置检测信号——在托盘生产线中位置检测信号有 3 个，分别是托盘生产线入口处的光电开关（光电开关 1）、托盘生产线拍照工位的光电开关（光电开关 2）和托盘生产线物料分拣工位的光电开关（光电开关 3），这三个光电开关的输出信号分别接到 PLC 的 I0.4、I0.5 和 I0.6 端子上，用来提供托盘在生产线上的位置信号。

AGV 接收信号——当 AGV 小车与托盘生产线通信时，发送信号到 PLC 的 I0.7 端子。

MM420 变频器故障——当 MM420 变频器在使用过程中发生故障时，由变频器的 R1L-B 端子将故障信号发送到 PLC 的 I1.1 端子。

G120 变频器故障——当 G120 变频器在使用过程中发生故障时，由变频器的 DO2 COM

端子将故障信号发送到 PLC 的 I1.4 端子。

电动机速度设定——PLC 的模拟输出端子 AQ0 和公共端子 2M 之间只能输出 0~20 mA 的电流信号，而 MM420 变频器的模拟量输入端子则只能接受 DC 0~10 V 的电压信号，因此需要将该电流信号转换为电压信号。故在 AQ0 和 2M 之间连接一个 500 Ω 的电阻后，将 0~20 mA 的电流信号转换为 DC 0~10 V 的电压信号供给 MM420 变频器的 AIN+ 和 AIN− 端子对电动机进行速度设定。

电动机正转——由 PLC 的 Q0.2 端子发送正转控制信号至 MM420 变频器的 DIN1 端子，以控制电动机正转。

电动机反转——由 PLC 的 Q0.3 端子发送反转控制信号至 MM420 变频器的 DIN2 端子，以控制电动机反转。

故障复位——当 PLC 接收到 MM420 变频器的故障信号后，根据系统工作流程的要求，通过 Q0.4 端子发送故障复位信号至 MM420 变频器的 DIN3 端子，以控制变频器复位。

蜂鸣器——蜂鸣器安装于控制柜面板上，当系统需要对外报警的时候，由 PLC 的 Q0.6 端子发送控制信号至蜂鸣器。

运行灯——用来指示系统的运行状态，当启动按键被按下且系统正常工作时，PLC 的 Q0.7 端子发送控制信号点亮运行灯。

上述所介绍的 I/O 信号均与 S7-1215C PLC 相连接，其电路如图 4-11 所示。

相机拍照触发——当托盘到达拍照工位后，由拍照工位阻挡气缸限定其位置，然后 SM1223 模块的 Q4.3 端子发送拍照触发信号至相机控制器的 KA4 中间继电器，控制相机采集托盘中工件的图像信息。

拍照工位阻挡气缸——当托盘到达拍照工位后，由 SM1223 模块的 Q4.4 端子输出控制信号，驱动拍照工位阻挡气缸伸出，从而限定等待拍照的托盘的位置，以便获得稳定的信号；当拍照完成后，Q4.4 端子取消控制信号的输出，拍照工位阻挡气缸收回，被拍照托盘继续沿托盘生产线向前运动。

物料分拣工位阻挡气缸——当托盘到达物料分拣工位（①工位）后，由 SM1223 模块的 Q4.5 端子输出控制信号，驱动该工位阻挡气缸伸出，从而对其后紧跟着的托盘进行阻挡，防止其挤压已经进入该工位的托盘，使得该工位的托盘位置发生改变，影响机器人吸取托盘内工件的位置精度。当该工位托盘内的工件被机器人分拣搬运完毕后，机器人将该托盘取走，并且 Q4.5 端子的控制信号被取消，阻挡气缸收回，其他托盘继续沿托盘生产线向前运动。

发射给 AGV 小车光电信号——当托盘生产线与 AGV 小车通信的时候，由 SM1223 模块的 Q4.6 端子发送通信信号给 AGV 小车。

激光定位探头——机器人手爪上安装有一个定位激光器，在设备安装的时候，用来调整工业机器人与托盘生产线的相对位置，使得托盘生产线的工作方向与工业机器人的 Y 轴方向平行；该激光器由 SM1223 模块的 Q4.7 端子控制。

G120 变频器停止——SM1223 模块通过 Q5.0 端子驱动中间继电器 KA5，通过硬件电路来控制 G120 变频器的停止功能。

另外，SM1223 模块的 Q4.0、Q4.1 和 Q4.2 端子通过中间继电器 KA1、KA2 和 KA3 分别来控制机器人的使能、停止和程序复位等功能。

上述所介绍的 I/O 信号均与 SM1223 模块相连接，其电路如图 4-12 所示。

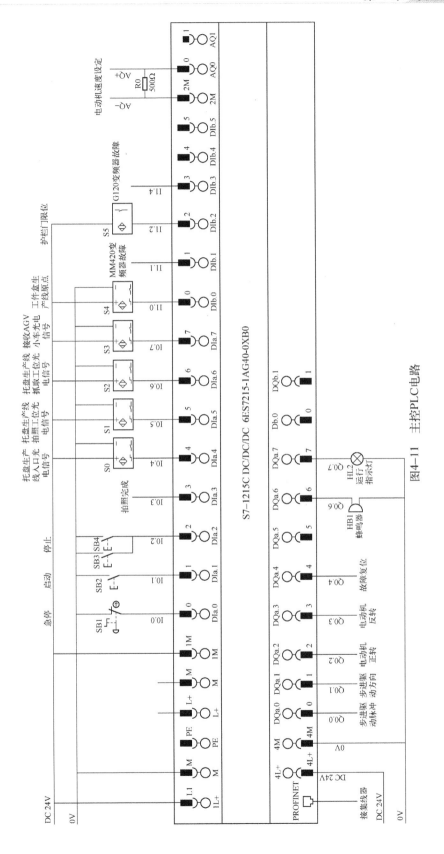

图4-11　主控PLC电路

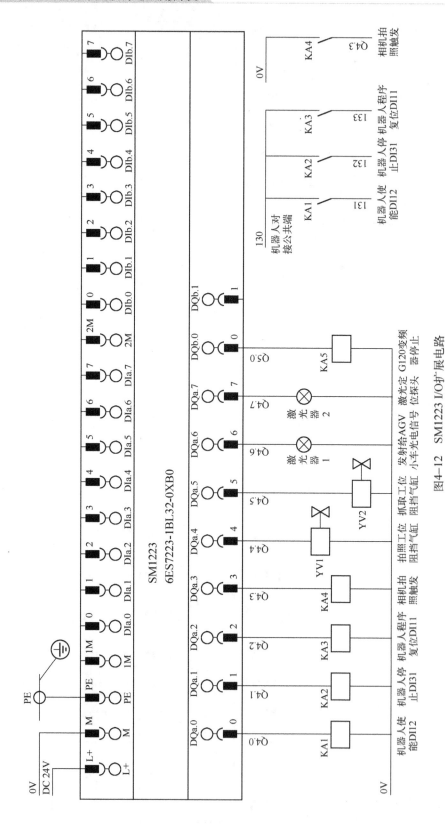

图4-12 SM1223 I/O扩展电路

4.5 托盘生产线的驱动程序设计

若托盘生产线需要按照设定的流程工作，必须对其设计所需的驱动程序。PLC 在工作的时候先采集数字输入信号，通过用户程序处理后，用处理结果驱动数字输出信号和模拟量信号；数字输入信号的采集、数字输出信号和模拟量信号的驱动都较为简单，这里通过对托盘生产线所使用的西门子 MM420 变频器和 G120 变频器的应用来学习相关驱动程序的设计。

4.5.1 MM420 变频器的应用

10 MM420 变频器的使用方法

1. MM420 变频器的基本设置

托盘生产线中所使用的 MM420 变频器订货号为 6SE6420-2UD15-5AA1，额定输出功率为 0.55 kW，其驱动托盘生产线的详细电路参考图 4-8，其控制信号见表 4-2。

表 4-2　MM420 变频器控制端接线表

序　号	变频器端子号	PLC 端子号	功　能
1	3	AQ+	模拟量调速+
2	4	AQ-	模拟量调速-
3	5	Q0.2	正转
4	6	Q0.3	反转
5	7	Q0.4	故障复位
6	9	COM1	公共端
7	10	I1.1	故障输出继电器 R1L-B
8	11	COM	故障输出继电器 R1L-C

MM420 变频器在使用之前，需要根据实际应用环境对其进行配置。本书中所使用的工作环境为传送带，PLC 模拟输出量控制电动机的转速，并且通过变频器的端子 3 和 4 输入，PLC 数字输出量控制电动机正反转，变频器的数字输出 1 的功能为变频器故障，故此 MM420 变频器的所需配置信号见表 4-3。

表 4-3　MM420 变频器所需配置信号

序号	信号名称	端子号	设定参数	操　作
1	数字命令信号源选择	—	P0700=2	由端子排输入（默认操作）
2	数字输入 1	5	P0701=1	ON/OFF1，接通正转/停车命令 1（默认操作）
3	数字输入 2	6	P0702=2	ON reverse/OFF1，接通反转/停车命令 1
4	数字输入 3	7	P0703=9	故障确认（默认操作）
5	数字输出 1 的功能	10/11	P0731=52.3	变频器故障（默认操作）
6	频率设定选择	3/4	P1000=2	模拟输入
7	电动机额定电压	—	P0304=220	电动机额定电压设定为 AC 220 V
8	电动机额定电流	—	P0305=1.5	电动机额定电流设定为 1.5 A
9	电动机额定功率	—	P0307=0.2	电动机额定功率设定为 0.2 kW

（续）

序号	信 号 名 称	端子号	设定参数	操 作
10	电动机额定频率	—	P0310 = 50	电动机额定频率设定为 50 Hz
11	电动机额定速度	—	P0311 = 1300	电动机额定转速设定为 1300 r/min
12	电动机最小频率	—	P1080 = 0	电动机最小工作频率设定为 0 Hz
13	电动机最大频率	—	P1082 = 50	电动机最大工作频率设定为 50 Hz
14	斜坡上升时间	—	P1120 = 3	电动机斜坡上升时间（加速时间）设定为 3 s
15	斜坡下降时间	—	P1121 = 3	电动机斜坡下降时间（减速时间）设定为 3 s

MM420 变频器通过快速调试，如图 4-13 所示，将表 4-3 中的参数设置到变频器中，然后 MM420 变频器的工作过程才可以通过 PLC 进行控制。

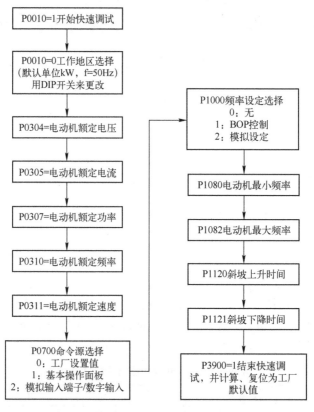

图 4-13　变频器配置流程

2. MM420 变频器驱动程序设计

打开 TIA 博途软件，按照第 2 章和第 3 章的步骤建立项目，添加并组态 S7-1215C PLC 和 TP700 触摸屏，然后在 PLC 变量表中新建驱动程序所需的变量——正转、反转、停止、速度设定、电动机正转、电动机反转和模拟量输出。其中，正转、反转、停止用于控制电动机的运动状态，速度设定用于设定电动机的运动速度。电动机正转和电动机反转则通过 PLC 的 Q0.2 和 Q0.3 端子控制变频器，从而间接控制电动机的正反转与停止；模拟量输出则将速度设定值传递到 PLC 的模拟量输出寄存器，控制模拟量输出端子输出 DC 0~10 V 的电压值，从而控制电动机的转速，因为 PLC 的模拟量输出端子 0 对应的存储地址为 QW64 和

QW65，故此将 QW64 分配给模拟量输出变量，如图 4-14 所示。

	名称		数据类型	地址	保持	在 H...	可从 ...	注释
1	正转		Bool	%M0.0		☑	☑	
2	反转		Bool	%M0.1		☑	☑	
3	停止		Bool	%M0.2		☑	☑	
4	速度设定		Int	%MW1		☑	☑	
5	电动机正转		Bool	%Q0.2		☑	☑	
6	电动机反转		Bool	%Q0.3		☑	☑	
7	模拟量输出		Word	%QW64		☑	☑	

图 4-14　PLC 变量表

在触摸屏的根画面中建立驱动所需的控制元件，并将其和 PLC 变量相连接，建立后的效果如图 4-15 所示（具体操作参考第 3 章的内容）。在这里设计了三个按键，分别用来控制电动机的正转、反转和停止；设计了一个数据输入框，用来控制电动机的转速。

在 PLC 的 Main 程序窗口设计驱动程序，其程序代码如图 4-16 所示。当正转信号被触发时，电动机正转信号置位，电动机反转信号复位，电动机正转；当反转信号被触发时，电动机反转信号置位，电动机正转信号复位，电动机反转；当停止信号被触发时，电动机正转和反转信号均复位，电动机停止；当速度设定值改变后，在 PLC 下一个扫描周期传送给模拟量输出变量，从而改变电动机转速。由于 PLC 模拟量输出电流信号为 0～20 mA，转换为电压信号为 DC 0～10 V，对应存储器的数字量范围为 0～27648，所以在设定电动机转速的时候，不要

图 4-15　触摸屏设计界面

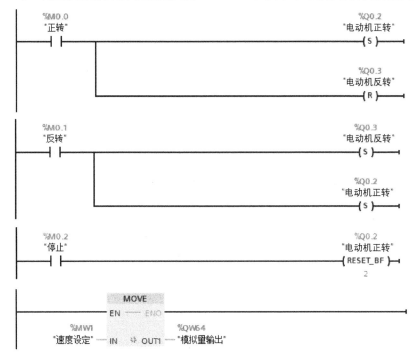

图 4-16　变频器驱动程序

超过数字量设定的范围。

分别将 PLC 程序和触摸屏程序下载到相应的设备（参考第 3 章内容），即可运行程序并在线观察设备执行的结果。MM420 变频器速度设定结果如图 4-17 所示。

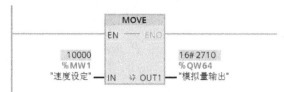

图 4-17　驱动程序运行结果

4.5.2　G120 变频器的应用

1. G120 变频器的基本设置

托盘生产线中所使用的 G120 变频器驱动托盘生产线的详细电路参考图 4-9 和图 4-10，其控制信号采用 PROFINET I/O 通信进行传输，变频器的停止信号由中间继电器 KA5 输入到变频器的数字端子 DI1，变频器的报警信号则输出到 PLC 的 I1.4 端子。

G120 变频器在使用之前，需要对其相关参数进行设置，主要包括电动机参数和变频器控制方式等。G120 变频器一般可以通过两种方式来设置其工作参数：BOP 面板设置和 Start-Driver 软件设置。受限于本书篇幅以及考虑到与 MM420 变频器的设置方式保持一致，此处只介绍采用 BOP 面板对其参数进行设置的方法，通过 StartDriver 软件进行设置的方法，请参考相关资料，此处不再赘述。G120 变频器在托盘生产线中所需设置的参数见表 4-4。

表 4-4　G120 变频器所需配置参数

序号	参 数 名 称	参数设定值	操　作
1	变频器运行方式	P1300 = 0	线性 V/F 控制
2	电动机和变频器功率设置	P0100 = 0	确认电动机和变频器的功率设置是以 kW 还是 hp 为单位表示 0：IEC 电动机（50 Hz, SI 单位） 1：NEMA 电动机（60 Hz, US 单位） 2：NEMA 电动机（50 Hz, SI 单位）
3	电动机额定电压	P0304 = 380	设定电动机的额定电压为 380 V
4	电动机额定电流	P0305 = 0.65	设定电动机的额定电流为 0.65 A
5	电动机额定功率	P0307 = 0.4	设定电动机的额定功率为 0.4 kW
6	电动机额定转速	P0311 = 1350	设定电动机的额定转速为 1350 r/min
7	电动机检测和转速测量	P1900 = 0	该功能被禁止
8	宏文件驱动设备	P0015 = 7	设定电动机按照宏文件 7 进行工作
9	电动机最小转速	P1080 = 0	设定电动机的最小转速为 0
10	电动机最大转速	P1082 = 1500	设定电动机的最大转速为 1500 r/min
11	斜坡发生器上升时间	P1120 = 5.0	设定电动机的升速时间为 5 s
12	斜坡发生器下降时间	P1121 = 5.0	设定电动机的降速时间为 5 s
13	命令源选择	P0700 = 6	设置命令源为现场总线
14	端子 DO2 的信号源	P0732 = 52.3	设定端子 DO2（23/25 常闭）为变频器故障输出
15	停车命令指令源 2	P0845[0] = 722.1	数字量输入 DI1 定义为 OFF2 命令
16	通信方式设置	P2030 = 7	PROFINET 通信

在宏文件 7 中，当 G120 变频器的数字输入端子 DI3 断开时，变频器采用 PROFINET 总线方式进行控制，此时，电动机的启停、旋转方向和速度设定值均通过 PROFINET 总线控制，变频器和 PLC 之间的数据传输采用标准报文 1 的格式进行。在选择宏文件 7 后，G120 变频器将自动配置如下信号，见表 4-5，这里仅仅列举了与总线控制方式相关的参数。

表 4-5　G120 变频器在宏文件 7 中的配置参数

序号	参数名称	参数设定值	操作
1	PZD 报文选择	P0922=1	PLC 与变频器通信采用标准报文 1
2	转速设定值选择	P1000[0]=6	总线作为频率给定源
3	主设定值	P1070[0]=r2050.1	总线控制：变频器接收的第 2 个过程值作为速度设定值
4	设定值取反	P1113[0]=r2090.11	总线控制：位 11 作为电动机反向命令

将上述参数值确定后，便可以通过 G120 变频器的 BOP 面板对其进行快速调试。

（1）按▲或▼键，将光标移动到 "SETUP" 选项，如图 4-18 所示。

（2）按〈OK〉键，进入 "SETUP" 菜单，显示复位功能。如果需要复位按〈OK〉键，开始复位，面板显示 "BUSY"；如果不需要复位，则按▼键，进行下一步操作，如图 4-19 所示。

图 4-18　SETUP 界面　　　　　　　图 4-19　RESET 界面

（3）按▲或▼键，找到 P1300 参数；按〈OK〉键，进入 P1300 参数设置界面，按▲或▼键选择参数值，按〈OK〉键确认参数值，如图 4-20 所示。

（4）按▲或▼键，找到 P100 参数；按〈OK〉键，进入 P100 参数设置界面，按▲或▼键选择参数值，按〈OK〉键确认参数值，如图 4-21 所示。

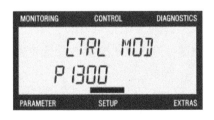　　

图 4-20　参数 P1300 设置界面　　　图 4-21　参数 P100 设置界面

（5）按▲或▼键，找到 P304 参数；按〈OK〉键，进入 P304 参数设置界面，按▲或▼键选择参数值，按〈OK〉键确认参数值，如图 4-22 所示。

（6）按▲或▼键，找到 P305 参数；按〈OK〉键，进入 P305 参数设置界面，按▲或▼键选择参数值，按〈OK〉键确认参数值，如图 4-23 所示。

（7）按▲或▼键，找到 P307 参数；按〈OK〉键，进入 P307 参数设置界面，按▲或▼键选择参数值，按〈OK〉键确认参数值，如图 4-24 所示。

图 4-22　参数 P304 设置界面

图 4-23　参数 P305 设置界面

（8）按▲或▼键，找到 P311 参数；按〈OK〉键，进入 P311 参数设置界面，按▲或▼键选择参数值，按〈OK〉键确认参数值，如图 4-25 所示。

图 4-24　参数 P307 设置界面

图 4-25　参数 P311 设置界面

（9）按▲或▼键，找到 P1900 参数；按〈OK〉键，进入 P1900 参数设置界面，按▲或▼键选择参数值，按〈OK〉键确认参数值，如图 4-26 所示。

（10）按▲或▼键，找到 P15 参数；按〈OK〉键，进入 P15 参数设置界面，按▲或▼键选择参数值，按〈OK〉键确认参数值，如图 4-27 所示。

图 4-26　参数 P1900 设置界面

图 4-27　参数 P15 设置界面

（11）按▲或▼键，找到 P1080 参数；按〈OK〉键，进入 P1080 参数设置界面，按▲或▼键选择参数值，按〈OK〉键确认参数值，如图 4-28 所示。

（12）按▲或▼键，找到 P1120 参数；按〈OK〉键，进入 P1120 参数设置界面，按▲或▼键选择参数值，按〈OK〉键确认参数值，如图 4-29 所示。

图 4-28　参数 P1080 设置界面

图 4-29　参数 P1120 设置界面

（13）按▲或▼键，找到 P1121 参数；按〈OK〉键，进入 P1121 参数设置界面，按▲或▼键选择参数值，按〈OK〉键确认参数值，如图 4-30 所示。

（14）参数设置完毕后，进入结束快速调试界面，如图 4-31 所示。

图 4-30　参数 P1121 设置界面

图 4-31　结束快速调试界面

（15）按〈OK〉键进入结束快速调试界面，按▲或▼键选择"YES"，按〈OK〉键确认结束快速调试，如图 4-32 所示。

（16）面板显示"BUSY"，变频器进行参数计算，如图 4-33 所示。

图 4-32　选择结束快速调试界面

图 4-33　变频器参数计算界面

（17）变频器参数计算完成后，短暂显示"DONE"画面，随后光标返回到"MONITOR"菜单，如图 4-34 所示。

设置 G120 变频器参数的时候，如果某些参数在快速设置中无法找到，可以更改变频器的存取级别参数 P0003 的值（3 为专家级，4 为维修级），然后再去设置即可。

图 4-34　变频器参数计算完成界面

2. G120 变频器 PROFINET 通信基础

G120 变频器具有 PROFINET I/O 控制器，可以将控制字和主给定值等过程数据周期性地发送至变频器，并从变频器周期性地读取状态字和实际转速等过程数据。PROFINET I/O 控制器访问变频器参数的方式有两种：

（1）周期性通信的 PKW 通道（参数数据区）：通过 PKW 通道 PROFINET I/O 控制器可以读写变频器的参数，但每次只能读或写一个参数，PKW 通道的长度固定为 4 个字。

（2）非周期性通信：PROFINET I/O 控制器通过非周期性通信访问变频器数据记录区，每次可以读或写多个参数。

本书中 G120 变频器采用的周期性 PKW 通信，其通信方式为：主站发出请求，变频器收到主站请求后处理请求，并将处理结果应答给主站，如图 4-35 所示；其参数通道的数据结构如图 4-36 所示。

图 4-35　PKW 通信工作模式

参数通道			
PKE（第1个字）	IND（第2个字）	PWE（第3个和第4个字）	
15...12|11 　10...0	15...8 | 7...0	15...0	15...0
AK|SPM| 　PNU	子索引 | 分区索引	PWE1	PWE2

图 4-36　PKW 参数通道的数据结构

PKE 为 PKW 第 1 个字，包括 AK、SPM 和 PNU 三部分，如图 4-37 所示。

1）AK：位 12~15 包含了任务 ID 或应答 ID，任务 ID 见表 4-6，应答 ID 见表 4-7。

2）SPM：始终为 0。

3）PNU：当参数号<2000 时，PNU＝参数号；当参数号≥2000 时，PNU＝参数号减去偏移，将偏移写入分区索引中（IND 位 7…0）。

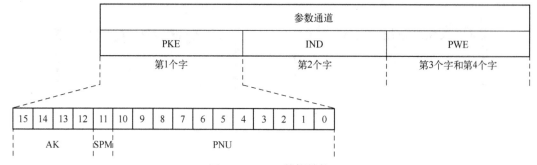

图 4-37　PKE 数据结构

表 4-6　控制器发送给变频器的任务 ID

任务 ID	描　　述	应答 ID	
		正	负
0	无任务	0	7/8
1	请求参数值	1/2	7/8
2	修改参数值（单字）	1	7/8
3	修改参数值（双字）	2	7/8
4	请求描述性元素①	3	7/8
6②	请求参数值（数组）①	4/5	7/8
7②	修改参数值（数组、单字）①	4	7/8
8②	修改参数值（数组、单字）①	5	7/8
9	请求数组元素数量	6	7/8

注：① 所需参数元素在 IND（第 2 个字）中规定。
　　② 以下的任务 ID 是相同的：1＝6、2＝7、3＝8。建议使用 ID6、7 和 8。

表 4-7　变频器发送给控制器的应答 ID

任务 ID	描　　述
0	无应答
1	传送参数值（单字）
2	传送参数值（双字）
3	传送描述性元素①
4	传送参数值（数组、单字）②

（续）

任务 ID	描　　述
5	传送参数值（数组、单字)[②]
6	传送数组元素数量
7	变频器无法处理任务。变频器会在参数通道高位字中将错误号发送给控制器，详情参考相关资料
8	无主站控制权限/无权限修改参数通道接口

注：①所需参数元素在 IND（第 2 个字）中规定。

　　②所需含索引的参数元素在 IND（第 2 个字）中规定。

参数索引 IND 分为子下标和分区下标两部分，如图 4-38 所示。子下标（参数下标）用来标识变频器参数的子索引（参数下标）值，例如：P0840[1] 中括号中的"1"即为参数下标。分区下标表示变频器参数的偏移量，配合 PNU 确定参数号，例如：P2902 的分区下标=0x80，分区下标查询请见表 4-8。

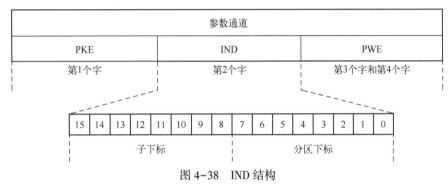

图 4-38　IND 结构

表 4-8　分区下标设置

序号	参数号	偏移	分区索引								
			HEX	位 7	位 6	位 5	位 4	位 3	位 2	位 1	位 0
1	0000…1999	0	0 hex	0	0	0	0	0	0	0	0
2	2000…3999	2000	80 hex	1	0	0	0	0	0	0	0
3	6000…7999	6000	90 hex	1	0	0	1	0	0	0	0
4	8000…9999	8000	20 hex	0	0	1	0	0	0	0	0
5	10000…11999	10000	A0 hex	1	0	1	0	0	0	0	0
6	20000…21999	20000	50 hex	0	1	0	1	0	0	0	0
7	30000…31999	30000	F0 hex	1	1	1	1	0	0	0	0
8	60000…61999	60000	74 hex	0	1	1	1	0	1	0	0

参数值 PWE 总是以双字方式（32 位）发送，一条报文只能传送一个参数值，其具体形式有如下几种：

1）32 位的参数值由 PWE1（第 3 个字）和 PWE2（第 4 个字）两个字组成。

2）16 位的参数值以 PWE2 表示，PWE1 为 0。

3）8 位的参数值以 PWE2 中位 0…7 表示，高 8 位和 PWE1 为 0。

4）BICO 参数：PWE1 表示参数号，PWE2 位 10…15 为 1，PWE2 位 0…9 表示参数的索引或位号。

本书中所用的 G120 变频器采用周期性 PKW 通信的标准报文 1，其报文、控制字和状态字的结构见表 4-9 至表 4-11。

表 4-9　报文的结构

报文类型 P922	过程数据	
	PZD1	PZD2
报文 1 PZD2/2	控制字	转速设定值
	状态字	转速实际值

表 4-10　控制字的结构

控制字位	数　值	含　义	参数设置
0	0	OFF1 停车（P1121 斜坡）	P840 = r2090.0
	1	启动	
1	0	OFF2 停车（自由停车）	P844 = r2090.1
2	0	OFF3 停车（P1135 斜坡）	P848 = r2090.2
3	0	脉冲禁止	P852 = r2090.3
	1	脉冲使能	
4	0	斜坡函数发生器禁止	P1140 = r2090.4
	1	斜坡函数发生器使能	
5	0	斜坡函数发生器冻结	P1141 = r2090.5
	1	斜坡函数发生器开始	
6	0	设定值禁止	P1142 = r2090.6
	1	设定值使能	
7	1	上升沿故障复位	P2103 = r2090.7
8	—	—	—
9	—	—	—
10	0	不由 PLC 控制（过程值被冻结）	P854 = r2090.10
	1	由 PLC 控制（过程值有效）	
11	1	设定值反向	P1113 = r2090.11
12	—	—	—
13	1	MOP 升速	P1035 = r2090.13
14	1	MOP 降速	P1036 = r2090.14
15	1	未使用	P810 = r2090.15

其中，常用控制字有：

1）047E（16 进制）：OFF1 停车。

2）047F（16 进制）：正转启动。

3）0C7F（16 进制）：反转启动。

4）04FE（16 进制）：故障复位。

表 4-11　状态字的结构

状态字位	参数值	含　义	参数设置
0	1	接通就绪	P2080[0] = r899.0
1	1	运行就绪	P2080[1] = r899.1
2	1	运行使能	P2080[2] = r899.2
3	1	变频器故障	P2080[3] = r2139.3
4	0	OFF2 激活	P2080[4] = r899.4
5	0	OFF3 激活	P2080[5] = r899.5
6	1	禁止合闸	P2080[6] = r899.6
7	1	变频器报警	P2080[7] = r2139.7
8	0	设定值/实际值的偏差过大	P2080[8] = r2197.7
9	1	PZD（过程数据）控制	P2080[9] = r899.9

（续）

状态字位	参数值	含　义	参 数 设 置
10	1	达到比较转速（P2141）	P2080[10]=r2199.1
11	0	达到转矩极限	P2080[11]=r1407.7
12	1	抱闸打开	P2080[12]=r899.12
13	0	电动机过载	P2080[13]=r2135.14
14	1	电动机正转	P2080[14]=r2197.3
15	0	变频器过载	P2080[15]=r836.0/P2080[15]=r2135.15

3. G120 变频器驱动程序设计

打开 TIA 博途软件，按照第 2 章和第 3 章的步骤建立项目，添加并组态 S7-1215C PLC 和 TP700 触摸屏。在网络视图界面中，选择右侧的"硬件目录"选项，在目录树中依次单击"其它现场设备""PROFINETIO""Drives""SIEMENS AG""SINAMICS"，然后选择"SINAMICS G120 CU240E-2 PN（-F）V4.5"，将其拖入网络视图界面中，如图 4-39 和图 4-40 所示。

图 4-39　从硬件目录中查找 G120 变频器

在设备视图界面中，选择新添加的变频器，对其 IP 地址进行配置，如图 4-41 所示。

在右侧的硬件目录中，找到通信模块"supplementary data PZD-2/2"（或者"Standard telegram 1 PZD-2/2"），将其拖入设备概览中，如图 4-42 所示。

在配置后的设备概览窗口中，可以看到变频器的通信地址为 IW256、IW258、QW256 和 QW258，这 4 个地址将用来控制变频器并读取其运行状态，如图 4-43 所示。

在 PLC 变量表中新建驱动程序所需的变量。变频器的 PROFINET 通信配置后，其控制字存储于 QW256 开始的两个连续字节中，速度值存储于 QW258 开始的两个连续字节中，故将方向地址设置为 QW256，速度地址设置为 QW258。其余变量不再赘述，如图 4-44 所示。

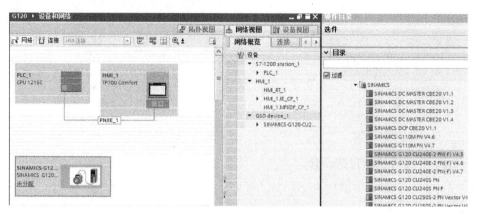

图 4-40　从硬件目录中添加 G120 变频器

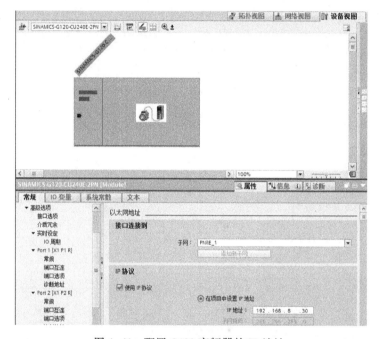

图 4-41　配置 G120 变频器的 IP 地址

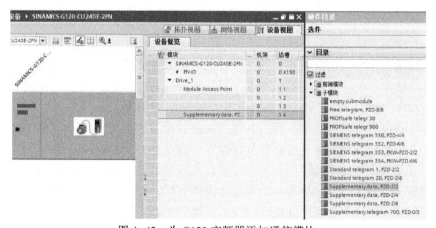

图 4-42　为 G120 变频器添加通信模块

设备概览

	模块	...	机架	插槽	I 地址	Q 地址	类型	订货号	固件
	▼ SINAMICS-G120-CU240E-2PN	0	0				SINAMICS G120 CU...	6SL3 244-0BB1x-1FA0	V4.5
	▶ PN-IO	0	0 X150				SINAMICS-G120-CU...		
	▼ Drive_1	0	1				Drive		
	Module Access Point	0	1 1				Module Access Point		
		0	1 2						
		0	1 3						
	Supplementary data, PZ...	0	1 4	256...259	256...259	Supplementary dat...			

图 4-43   G120 变频器通信地址

默认变量表

		名称	数据类型	地址	保持	在 H...	可从 ...	注释
1		正转	Bool	%M0.0		☑	☑	
2		反转	Bool	%M0.1		☑	☑	
3		停止	Bool	%M0.2		☑	☑	
4		方向地址	Int	%QW256		☑	☑	
5		速度地址	Int	%QW258		☑	☑	
6		速度设定	Int	%MW1		☑	☑	

图 4-44   在 PLC 默认变量表添加变量

在触摸屏的根画面中建立驱动所需的控制元件，并将其和 PLC 变量相连接，结果如图 4-15 所示（具体操作参考第 3 章的内容）。在这里设计了三个按键，分别用来控制电动机的正转、反转和停止；设计了一个数据输出框，用来控制电动机的转速。在 PLC 的 Main 程序窗口设计驱动程序，其程序代码如图 4-45 所示。

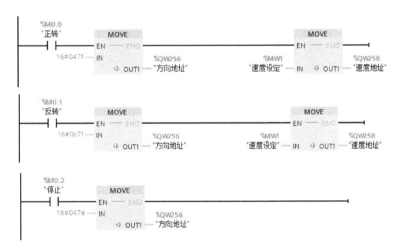

图 4-45   G120 变频器驱动程序设计

将所有的程序编译并下载到相应的设备，运行 PLC 并操作触摸屏便可看到所需的结果。

系统有时候会提示有错误存在，如图 4-46 所示。这些错误均可根据错误代码找到出错的原因，分别对其进行处理，然后重启变频器即可。如在本次运行中，变频器的名称和配置名称不一致，导致系统提示报警，可以通过在线诊断的方式，将变频器的名称改为和配置名称一致即可，如图 4-47 和图 4-48 所示。

图 4-46　系统提示的错误信息

图 4-47　错误处理前

图 4-48　错误处理后

思考与练习

1. 简答题

（1）托盘生产线由哪些部件组成？

（2）托盘生产线的工作原理是什么？

（3）绘制托盘生产线的气路原理图。

（4）AGV 小车与托盘生产线如何通信？

（5）MM420 变频器是如何配置参数的？

（6）设计 MM420 变频器的驱动程序，使其能够控制电动机实现正反转、点动等操作。

（7）G120 变频器在 TIA 博途软件中是如何组态的？

（8）设计 G120 变频器的驱动程序，使其能够控制电动机实现正反转、点动等操作。

2. 思考题

MM420 变频器与 G120 变频器配置有何异同点？

→ **第5章** ←

工件盒生产线

学习目标：

1. 了解工件盒生产线的组成以及各部分的功能。
2. 掌握工件盒生产线电路的工作原理及设计方法。
3. 掌握工件盒生产线的工作流程及程序设计方法。

在机器人工作站中，工件盒生产线是为加工完毕的工件提供等待装盒的工位，或为即将装配的工件提供等待装配的工位。随着智能制造的发展，工件盒生产线应用越来越广，因为其可以有效节约成本，提高效率。本章以机器人对工件进行分拣装盒为例来介绍工件盒生产线，而工件的装配与此类似，此处就不再详述。

> 12 工件盒生产线的结构及工作原理

5.1 工件盒生产线的结构

工件盒生产线主要由生产线框架、链板输送装置和工件盒组成，其外形结构如图5-1所示。生产线框架由铝型材搭建而成，为工件盒生产线的

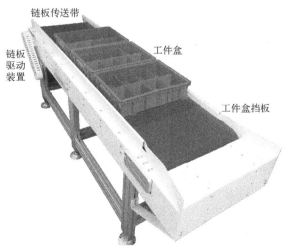

图 5-1 工件盒生产线整体外观图

其他部件提供安装基准；链板输送装置用来放置工件盒，并可以根据工作流程的需要改变工件盒的位置；工件盒用来放置分类后的工件。

链板输送装置由链板驱动装置、链板传送带和工件盒挡板组成。链板驱动装置用来给链板的运动提供动力；工件盒挡板用于保护工件盒，防止其从链板两侧滑落。链板驱动装置由步进电动机、减速器、链传动装置、主动滚筒和从动滚筒组成，其布局示意图如图 5-2 所示。

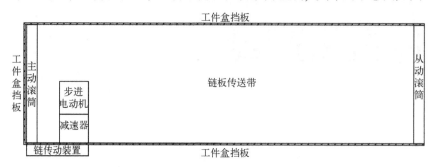

图 5-2　链板驱动装置布局示意图

步进电动机输出转矩通过减速器放大后，由链传动装置驱动主动滚筒旋转，然后带动链板传送带沿着主动滚筒和从动滚筒所限定的区域运动。

链板传送带上安装有定位挡块，与光电开关配合使用，来确定链板传送带的初始位置，其布局如图 5-3 所示。当定位挡块通过光电开关的时候，阻断光电开关的光路，光电开关向主控 PLC 发出信号，从而可以确定链板传送带的初始位置。

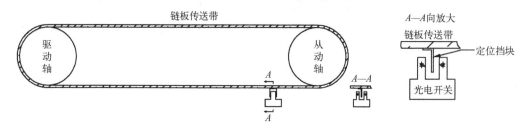

图 5-3　链板传送带上的定位挡块及光电开关布局图

链板传送带上还安装有限位挡块，用来限定工件盒的位置。将链板传送带人为划分为三个工位，从工业机器人一侧来观察，分别为⑦工位、⑧工位和⑨工位，其布局如图 5-4 所示，图中工业机器人方向表示站在工业机器人一侧来观察工件盒。

链板传送带上的三个工位，可以放置三个工件盒，每个工件盒被分为 8 个格子，这些格子可以存放不同类型的工件。三个工件盒放置的工位及其对应的格子号如图 5-5 所示，也可以根据实际需要来自定义格子的位置。

图 5-4　链板传送带上的工位布局图

工业机器人方向

2	1	2	1	2	1
4	3	4	3	4	3
6	5	6	5	6	5
8	7	8	7	8	7
⑦工位		⑧工位		⑨工位	

图 5-5　工件盒放置的工位及其对应的格子号

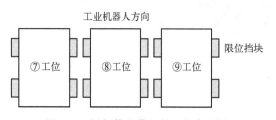

5.2 工件盒生产线的工作原理

主控 PLC 发送启动信号到工业机器人，工业机器人响应启动信号并启动；然后主控 PLC 将视觉检测系统测量的工件信息处理后，发送至工业机器人。工件信息主要包括工件的中心点坐标 (x, y)、工件相对于标准工件的旋转角度 A、每种工件的数目以及高度信息等。工业机器人在读取到这些信息后，便用单吸盘逐个吸取工件，并根据主控 PLC 提供的码垛算法，将工件放置到规定的位置，或单个摆放，或码垛摆放。工业机器人在放置工件的时候，工件盒生产线将根据主控 PLC 发送的控制指令，驱动步进电动机运动，带动链板传送带，将需要摆放工件的工件盒运输到⑧工位的位置（中间的工位）；在实际应用中，也可以根据需要改变工件盒的位置。

当托盘中所有工件都被工业机器人分拣之后，工业机器人手爪切换到双吸盘工装，将托盘吸附并放置到托盘收集处，并回到待机位置，等待下一轮的工作。

5.3 工件盒生产线的电路

13 步进电动机的工作原理

5.3.1 驱动电路设计

工件盒生产线中的动力由步进电动机提供，而步进电动机则由主控 PLC 通过步进驱动器直接驱动，其电路结构图如图 5-6 所示。因为步进电动机采用 DC 48 V 供电，而主控 PLC 采用 DC 24 V 供电，所以在图 5-6 中具有两个独立电源，分别为主控 PLC 和步进驱动器供电。

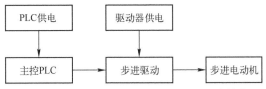

图 5-6 工件盒生产线步进电动机驱动电路结构图

步进驱动器是一种能使步进电动机运行的功率放大器，能把控制器发来的脉冲信号转化为步进电动机的功率信号。电动机的转速与脉冲频率成正比，所以控制脉冲频率可以精确调速，控制脉冲数就可以精确定位。工件盒生产线中使用的步进电动机为两相步进电动机，故其驱动器可以选择数字式两相步进驱动器 DM860，其实物图如图 5-7 所示。

步进驱动器 DM860 为用户提供了控制信号接口和强电接口两组接口。控制信号接口用来控制步进电动机的转速、运动方向以及步进电动机控制器的使能与否，各端子的详细说明见表 5-1；强电接口为步进驱动器供电，并将输入电源转换后供给步进电动机，各端子的详细说明见表 5-2。

图 5-7 数字式两相步进驱动器 DM860 实物图

表 5-1　DM860 驱动器控制信号接口

序号	信号名称	信 号 功 能
1	PUL+(+5 V)	脉冲控制信号；脉冲上升沿有效；PUL 高电平是 4~5 V，低电平是 0~0.5 V。为了可靠响应脉冲
2	PUL−(PUL)	信号，脉冲宽度应大于 1.2 μs。如果采用+12 V 或者+24 V 信号时，需要串联限流电阻
3	DIR+(+5 V)	方向信号；高/低电平信号，为保证电动机可靠换向，方向信号应优先于脉冲信号至少 5 μs 建立。
4	DIR−(DIR)	电动机的初始运动方向与电动机接线有关，互换任一相绕组（如 A+、A−交换）都可以改变电动机初始运动的方向，DIR 高电平是 4~5 V，低电平是 0~0.5 V
5	ENA+(+5 V)	使能信号；此输入信号用于使能或禁止。当 ENA+接+5 V，ENA−接低电平时，驱动器将切断电动机各
6	ENA−(ENA)	相的电流，使电动机处于自由状态，此时步进脉冲不被响应。当不需要此功能时，使能信号端悬空即可

表 5-2　DM860 驱动器强电接口

序号	信号名称	信 号 功 能
1	GND	直流电源地
2	+VDC	直流电源正极，范围+18~+80 V，推荐值 DC +48~+70 V，此处选择 DC +48 V
3	A+、A−	电动机 A 相线圈
4	B+、B−	电动机 B 相线圈

　　在本书中，步进驱动器由 S7-1215C PLC 控制，而且步进电动机一直处于受控状态，故此步进驱动器的控制信号使用了 PUL+、PUL−、DIR+ 和 DIR−，而 ENA+ 和 ENA− 则处于悬空状态。PLC 的 Q0.0 和 Q0.1 端子分别用来控制步进电动机的速度和旋转方向，而且输出电平为高电平，所以 Q0.0 和 Q0.1 分别与 PUL+ 和 DIR+ 相连接，PUL− 和 DIR− 则与低电平相连接。PLC 数字输出端子输出信号为 DC 24 V，故此 Q0.0 和 Q0.1 与步进驱动器连接的时候需要串联 2 kΩ 左右的限流电阻。另外，步进驱动器的供电电源为 DC 48 V，因而工件盒生产线步进驱动电路如图 5-8 所示，主控 PLC 的电路参考图 4-11。

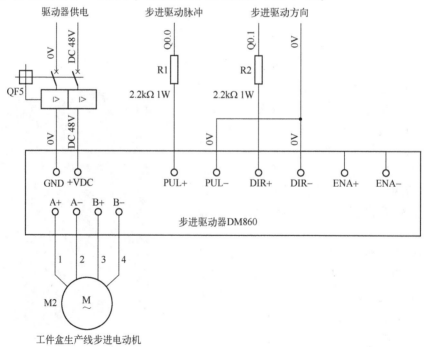

图 5-8　工件盒生产线步进驱动电路

5.3.2 步进驱动器参数设置

步进驱动器在使用之前需要根据步进电动机的铭牌及使用环境对其相关参数进行设置，否则可能影响步进驱动器的正常工作。DM860 驱动器采用八位拨码开关设定细分精度、动态电流、静态电流以及实现电动机参数和内部调节参数的自整定，详细描述如图 5-9 所示。

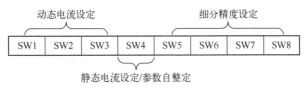

图 5-9 DM860 驱动器拨码开关各位功能图

1. 动态电流设定

一般的步进驱动器都是针对某一系列步进电动机设计的通用型的驱动器，而同一系列步进电动机根据其应用环境的不同，其输出功率也是不一样的，故此步进驱动器需要根据实际驱动步进电动机的功率大小来调整其输出电流的大小，以满足应用的需要。DM860 驱动器是一款通用的步进驱动器，也可以设定不同的动态电流，其可以设定的动态电流的范围见表 5-3。在表 5-3 中，选择动态电流的时候，主要参考输出均值电流一栏，而输出峰值电流一栏仅供参考。

表 5-3 DM860 驱动器动态电流设定表

序号	输出峰值电流	输出均值电流	SW1 状态	SW2 状态	SW3 状态
1	2.40 A	2.00 A	on	on	on
2	3.08 A	2.57 A	off	on	on
3	3.77 A	3.14 A	on	off	on
4	4.45 A	3.71 A	off	off	on
5	5.14 A	4.28 A	on	on	off
6	5.83 A	4.86 A	off	on	off
7	6.52 A	5.43 A	on	off	off
8	7.20 A	6.00 A	off	off	off

机器人工作站中选用的步进电动机是常州市丽控机电有限公司生产的 86BYGH280-4504A 型两相步进电动机，其工作电流为 4.5 A。在表 5-3 输出均值电流一栏中，与 4.5 A 电流最为接近的是第 5 行中的 4.28 A，因此步进驱动器的拨码开关 SW1、SW2 和 SW3 的状态分别为 on、on 和 off。

2. 静态电流设定及参数自整定

DM860 驱动器在使用时，可以通过拨码开关 SW4 设置步进电动机工作时的静态电流。将 SW4 设成 off，表示静态电流设为动态电流的一半；将 SW4 设成 on，表示静态电流与动态电流相同。一般用途中应将 SW4 设成 off，使得电动机和驱动器的发热减少，可靠性提高。脉冲串停止后约 0.4 s 左右，电流自动减至一半左右（实际值的 60%），发热量理论上减至 36%，因此机器人工作站中的步进驱动器的拨码开关 SW4 设成 off，以降低设备损耗。

DM860 驱动器还可以通过拨码开关 SW4 实现电动机参数和驱动器内部调节参数的自整定，具体方法有两种：

1）SW4 由 on 拨到 off，然后在 1 s 内再由 off 拨到 on；

2）SW4 由 off 拨到 on，然后在 1 s 内再由 on 拨到 off。

在电动机、供电电压等条件发生变化时，需要重新进行一次自整定，否则，电动机可能会运行不正常。在进行自整定的时候，驱动器不能输入脉冲信号，方向信号也不应变化。

3. 细分设定

步进电动机由于自身特有结构，出厂时都注明"电动机固有步距角"（如 0.9°/1.8°，表示半步工作时每步转过的角度为 0.9°，整步时为 1.8°）。但在很多精密控制的使用环境中，整步的角度太大，影响控制精度，同时低频振动也较大，所以要求步进电动机分多步走完一个电动机固有步距角，这就是所谓的细分驱动，能够实现此功能的电子装置称为细分驱动器。

步进电动机的细分驱动技术主要目的是减弱或消除步进电动机的低频振动，提高电动机的运转精度仅是细分驱动技术的一个附带功能。通过细分驱动技术，减小了步进电动机每一步所走过的步距角，提高了步距均匀度，因而可以提高步进电动机的控制精度；而且还可以极大地减少步进电动机的振动（低频振荡是步进电动机的固有特性，用细分驱动是消除它的最好方法），有效地减少转矩脉动，提高输出转矩的连续性。DM860 步进驱动器提供了 16 种细分方式，见表 5-4，用户可以根据实际应用需要来选择合适的细分方式。

表 5-4　DM860 驱动器细分设定表

序　号	步数/转	SW5 状态	SW6 状态	SW7 状态	SW8 状态
1	400	on	on	on	on
2	800	off	on	on	on
3	1600	on	off	on	on
4	3200	off	off	on	on
5	6400	on	on	off	on
6	12800	off	on	off	on
7	25600	on	off	off	on
8	51200	off	off	off	on
9	1000	on	on	on	off
10	2000	off	on	on	off
11	4000	on	off	on	off
12	5000	off	off	on	off
13	8000	on	on	off	off
14	10000	off	on	off	off
15	20000	on	off	off	off
16	40000	off	off	off	off

机器人工作站中选用的步进电动机的基本步距角为 1.8°，电动机主轴旋转一周需要 200 个脉冲信号。步进电动机通过减速器和链式传动装置后驱动链板传送带，需要传送带的运动状态较为平稳，通过实际测试后，最终选择步进驱动器的细分系数为 16，步进驱动器接收 3200 个脉冲信号其输出轴旋转一周。故此，细分精度设定的拨码开关 SW5、SW6、SW7 和 SW8 的设定状态分别为 off、off、on 和 on。

5.4　工件盒生产线的驱动程序设计

| 14 | PLC 驱动步进电动机的使用方法 |

5.4.1　PLC 运动控制功能简介

运动控制是电气控制的一个分支，它使用通称为伺服机构的一些设备，如液压泵、线性执行机或电动机来控制机械设备的位置和速度。一般的运动控制系统由运动控制器、驱动/放大器、执行器和反馈传感器组成，如图 5-10 所示。

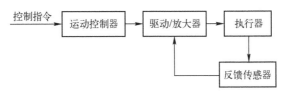

图 5-10　运动控制系统基本组成

运动控制器用来接收控制指令，生成所期望的运动轨迹点和闭合位置反馈环。许多控制器也可以在内部闭合形成一个速度环。

驱动/放大器将运动控制器的控制信号转换为更高功率的电流或电压信号，用来驱动执行器。智能化的驱动/放大器可以自身闭合成位置环和速度环，以获得高精度的控制效果。

执行器一般是液压泵、气缸、线性执行机或电动机，用来输出可控的运动。

反馈传感器用来反馈执行器的位置或速度信息，以实现位置或速度控制环的闭合。

S7-1215C PLC 提供了运动控制功能，用于步进电动机和伺服电动机的运动控制，负责对驱动器进行监控。该型号 PLC 在运动控制中使用了轴的概念，通过对轴的组态，包括硬件接口、位置定义、动态特性和机械特性等，与相关的指令组合使用，可以实现绝对位置、相对位置、点动、转速控制和自动寻找参考点等功能。

S7-1215C PLC 运动控制是由 CPU 模块输出脉冲（Pulse Train Output, PTO）和方向信号到驱动器，驱动器将输入信号处理后，输出到电动机（步进电动机或伺服电动机），控制电动机加减速或运动到指定位置，如图 5-11 所示。PLC 内部的高速计数器是测量 CPU 上的脉冲输出来计算速度和当前位置，并非实际电动机编码器所反馈的实际速度和位置。

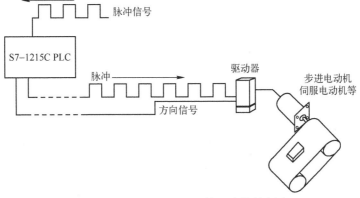

图 5-11　S7-1215C PLC 的运动控制应用

S7-1215C PLC 实现运动控制的途径主要包括如下 4 个部分：用户程序、定义工艺对象"轴"、CPU PTO 硬件输出和定义相关执行机构（机床等），如图 5-12 所示。

图 5-12　S7-1215C PLC 实现运动控制的途径

5.4.2　PLC 的 PTO 脉冲输出

S7-1215C PLC 高速脉冲输出包括脉冲串输出（PTO）和脉冲调制输出（PWM）两部分，PTO 可以输出一串占空比为 50% 的脉冲，用户可以控制脉冲的周期和个数；PWM 可以输出连续的、占空比可调的脉冲串，用户可以控制脉冲的周期和宽度，但是在机器人工作站中仅使用了 PTO，故此 PWM 不再赘述。

S7-1215C PLC 本体的运动控制功能提供了 4 组 PTO 信号源，其中两组是 2~100 kHz 的高速脉冲输出，分别为 PTO1 和 PTO2；另外两组是 2~20 kHz 的高速脉冲输出，分别是 PTO3 和 PTO4。PTO1 占用 PLC 的数字输出端子 Q0.0（脉冲信号）和 Q0.1（方向信号），PTO2 占用 PLC 的数字输出端子 Q0.2（脉冲信号）和 Q0.3（方向信号），PTO3 占用 PLC 的数字输出端子 Q0.4（脉冲信号）和 Q0.5（方向信号），PTO4 占用 PLC 的数字输出端子 Q0.6（脉冲信号）和 Q0.7（方向信号）。当不使用 PTO 功能的时候，这些数字输出端子可以用作普通数字输出功能。此处工件盒生产线中使用了一台步进电动机，故此仅使用 PTO1 信号源，占用 Q0.0 和 Q0.1 端子。

5.4.3　组态轴

组态轴是指通过 PTO 在 PLC 和驱动器上连接的开环轴，其包括驱动器和工艺对象两部分，如图 5-13 所示。驱动器在本书的机器人工作站中即为步进电动机驱动器，而"轴"工艺对象用于组态步进电动机驱动器的数据、驱动器的接口、动态参数以及其他驱动器属性。

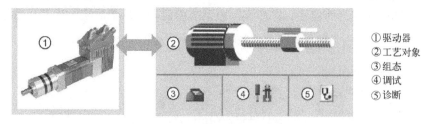

图 5-13　组态轴结构示意图

"轴"工艺对象分为三部分：组态、调试和诊断。组态"轴"工艺对象需要选择将要使用的 PTO，组态驱动器接口，设置机械设备的属性和驱动器的传动比，设置位置限制属性、动态属性和归位属性等，并且在工艺对象的数据块中保持组态数据；调试则为用户提供了测试轴的功能的一些常用操作，用户无需创建程序即可测试轴的功能；诊断则为用户提供了监视轴和驱动器当前状态和错误信息的快捷方法。

TIA 博途软件为"轴"工艺对象提供组态工具、调试工具和诊断工具，将复杂的问题简单化，方便用户将精力放到伺服驱动程序设计上，减少了系统开发时间。

在博途软件的项目视图中，通过树状目录按照"设备""项目""PLC""工艺对象"的顺序，找到"插入新对象"条目，如图 5-14 所示。双击"插入新对象"，并在弹出的"新增对象"对话框中，依次选择"运动控制""TO_PositioningAxis"功能，其他选项采用默认值即可，如图 5-15 所示，单击"确定"后便可以为系统增加一个新的工艺对象"轴_1"，该轴由组态、调试和诊断三部分组成，如图 5-16 所示。

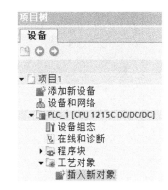

图 5-14 "插入新对象"菜单

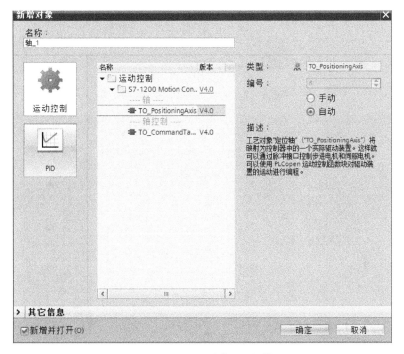

图 5-15 "新增对象"对话框

此时的工艺对象轴并不能够直接使用，需要根据实际应用的需要对其进行详细配置后才可以使用。在轴的组态部分中有两种方法可以对工艺对象轴进行配置——组态和参数视图。在"组态"界面中，仅仅需要根据系统的提示，并根据实际应用的需要对部分参数进行配置即可，如图 5-17 所示；而在"参数视图"界面中则列出了所有参数的详细信息，用户需要对其比较熟悉才可以正确配置，如图 5-18 所示。为了降低设计的难度，本书中采用组态的方式对其进行配置。

在对工艺对象轴进行组态的时候，需要设置基本参

图 5-16 工艺对象轴的三种工具

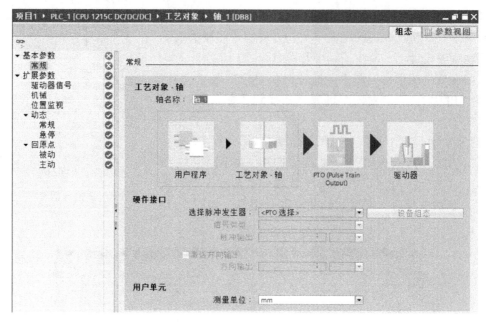

图 5-17　工艺对象轴组态界面

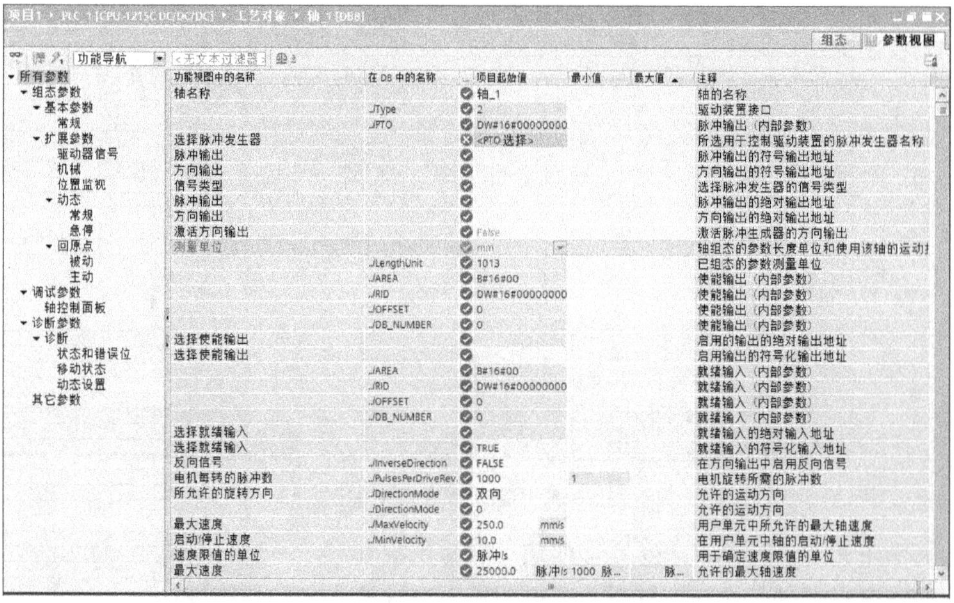

图 5-18　工艺对象轴参数视图界面

数和扩展参数，其中基本参数包括"轴名称""硬件接口"和"用户单元"三项，如图 5-17 所示。"轴名称"用来设置工艺对象轴的名称，其默认名称为"轴_1"，也可以重新命名；"硬件接口"用来选择脉冲发生器和信号类型，其中脉冲发生器需要在对 PLC 进行组态后才可以选择，可以单击选择脉冲发生器右侧的"设备组态"选项进行相关操作；"用户单元"用来选择测量的单位，有多种选项可供选择，应根据实际应用的需要来选择合适的测量单位，这里选择"mm"即可。

在选择脉冲发生器时需要对 PLC 进行设备组态，单击"常规"选项下的"脉冲发生器

（PTO/PWM）"便可进入相关组态界面。在脉冲发生器的"常规"选项中启用脉冲发生器并可以修改脉冲发生器的名称，在"脉冲选项"中选择信号类型并配置硬件输出，这里信号类型为"PTO（脉冲 A 和方向 B）"，脉冲从 Q0.0 端子输出，方向信号从 Q0.1 端子输出。如果需要配置多个 PTO 信号，可以继续启用其他的 PTO 设置，本书中仅需要一个 PTO 信号，故此上述配置即可满足需要，其组态结果如图 5-19 和 5-20 所示。

图 5-19　启用脉冲发生器

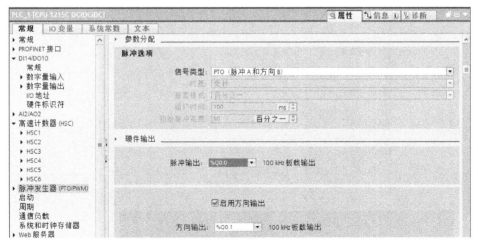

图 5-20　配置脉冲发生器的信号及硬件

　　对脉冲发生器进行组态后，便可以完成对工艺对象轴的基本参数配置，其结果如图 5-21 所示。

　　工艺对象轴的扩展参数有"驱动器信号""机械""位置监视""动态"和"回原点"等选项。"驱动器信号"用来配置驱动器和 PLC 之间的通信握手信号，其包括 PLC 发出的使能输

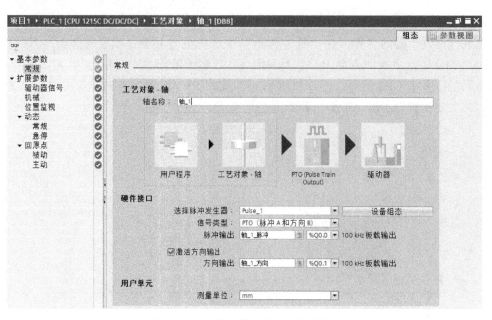

图 5-21　工艺对象轴基本参数配置

出信号和驱动器反馈的就绪信号。本书中仅使用了一个驱动器，而且驱动器一旦上电便处于就绪状态，随时可以接收 PLC 的控制信号，因此该选项无须配置。"机械"选项用来配置电动机每转动一周所需的脉冲数、电动机每转动一周机械装置移动的距离、允许电动机旋转的方向和反向信号。电动机每转动一周机械装置移动的距离，需要根据机械装置的实际参数来设置。反向信号用来改变电动机的正反转方向，即把电动机的当前的正向改为反向。在这里将电动机每转脉冲数设为 3200，电动机每转的距离设为 87.5 mm，设置后的参数如图 5-22 所示。

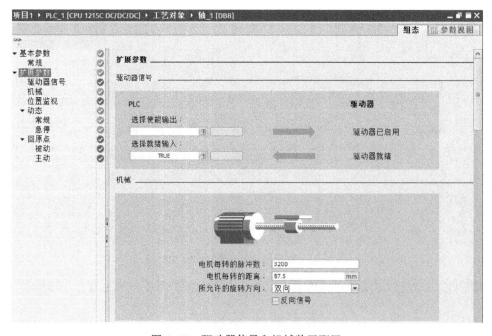

图 5-22　驱动器信号和机械装置配置

"位置监视"用来设置机械装置运动的硬件限位开关信号和软件限位开关信号的位置。硬件限位开关信号有两个，位于机械装置的正负运动方向的极限位置，分别是输入硬件限位开关下限和上限，可以根据实际连接的位置检测传感器来配置信号及其信号的触发方式。软件限位开关信号位于硬件限位开关信号的内侧，其参数值表示软件限位开关距离机械装置的正负运动方向的极限位置的距离。在工件盒生产线中，没有安装硬件限位开关，因此无需配置，均取默认值即可，如图 5-23 所示。

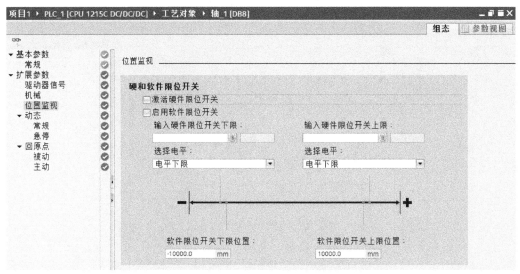

图 5-23　位置监视信号配置

"动态"选项用来设置电动机正常运动时和急停时的速度变化，因此其分为"常规"和"急停"进行设置。在"常规"中，需要设置速度限值的单位、速度和加速度。速度限值的单位有三种，分别是脉冲/s、r/min 和 mm/s，这里选择 mm/s；最大速度设置为 1350 mm/s，其值不能超过电动机的最大速度；启动/停止速度设置为 20 mm/s，加、速度和减速度均根据实际需要设置为 2660 mm/s^2，加、减速时间取默认值即可。另外还有"激活加加速度限值"选项，用来激活冲击限制。在工件盒生产线中，电动机速度较低，故此该项不用。设置结果如图 5-24 所示。

在对"急停"进行设置的时候，仅能够设置紧急减速度，"速度"选项由"常规"设置来确定。此处设置紧急减速度为 2660 mm/s^2，设置结果如图 5-25 所示。

"回原点"用来驱动电动机，使得机械装置回到由位置检测传感器所确定的原点位置，这里的位置检测传感器是安装在链板传送带上的光电开关，其输出信号与 PLC 的数字输入端子 I1.0 连接。"回原点"有被动回原点和主动回原点两种方式。在被动回原点操作中，"回原点"指令（MC_Home）不会执行任何回原点运动。用户必须通过其他运动控制指令，执行这一步骤中所需的往返运动，当检测到原点传感器信号时，轴即回原点；在主动回原点操作中，"回原点"指令将自动执行回原点运动，无须使用其他运动指令。被动回原点需要设置参考点开关信号、信号的电平和参考点开关的位置等参数，如图 5-26 所示，因为本文中不采用该方式回原点，故此没有对相关参数进行设置。主动回原点不仅需要设置参考点开关信号、信号的电平和参考点开关的位置等参数，而且还需要设置逼近速度、参考速度和原点位置的偏移量等参数；在实际应用中可以只对参考点开关信号和信号电平进行设置，其余参数取系统默认值即可，其设置结果如图 5-27 所示，图中的曲线表示机械装置回原点的参考方向。

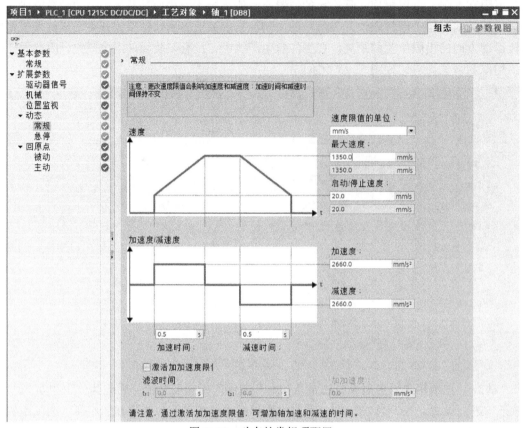

图 5-24　动态的常规项配置

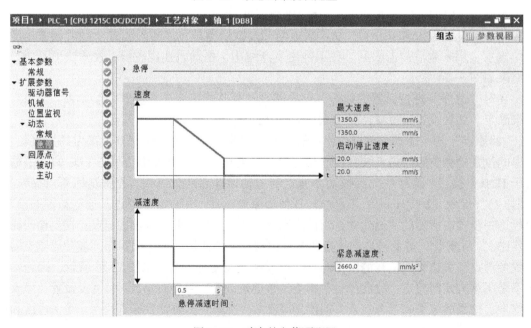

图 5-25　动态的急停项配置

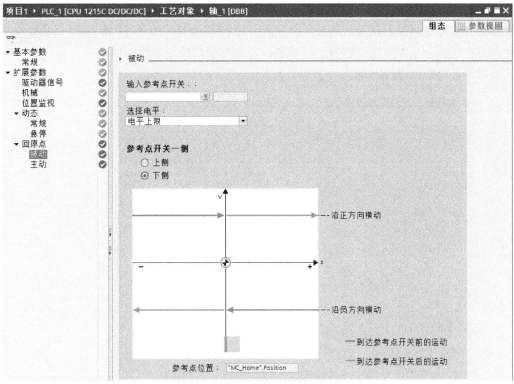

图 5-26　被动回原点设置界面

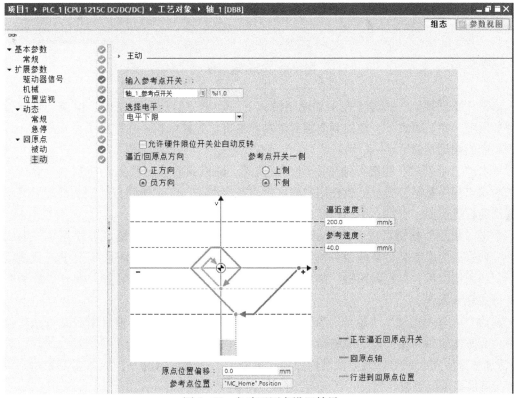

图 5-27　主动回原点设置结果

轴的调试工具用于在手动模式下移动轴、优化轴设置和测试系统，以测试配置后的工艺对象轴是否能够按照要求运动。调试工具只有一个控制面板，如图 5-28 所示。只有与 PLC 建立在线连接后，才能使用轴控制。在控制面板上有手动控制和自动模式两种模式，可以根据需要对工艺对象轴进行测试。

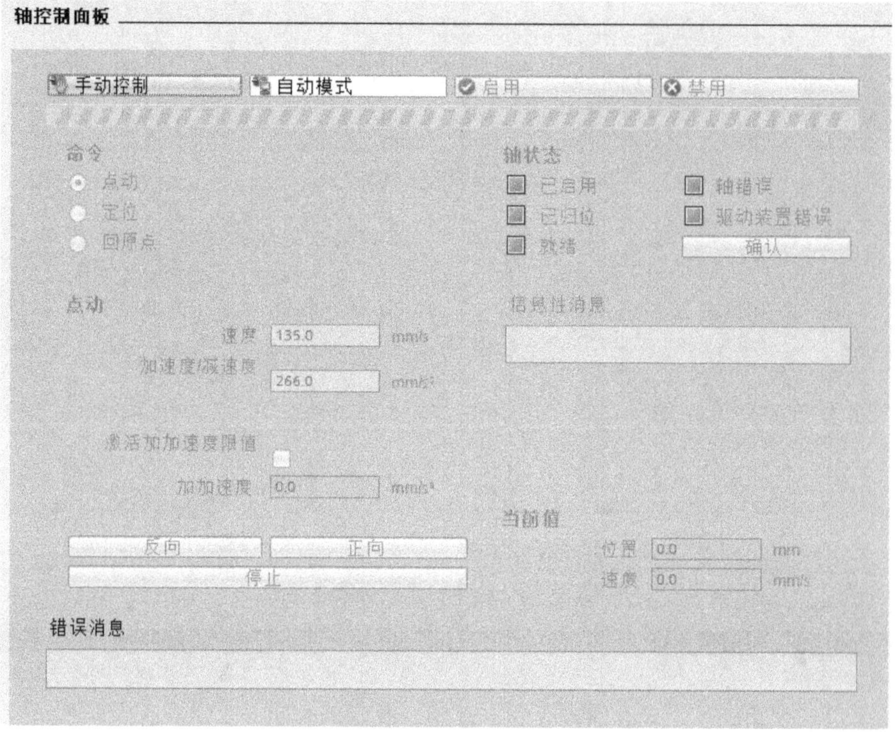

图 5-28　轴控制面板

单击"手动控制"按键可在手动控制模式下移动轴，但是需要在程序中使用运动控制指令禁用轴。在该模式下，轴控制面板对轴功能具有优先控制权。在结束手动控制前，用户程序不能影响轴功能。

单击"自动模式"按键可结束手动控制模式。轴控制面板交回优先控制权，此后轴可再次由用户程序控制，而且必须在用户程序中重新启用轴。在切换到自动控制前需要完成所有激活的行进运动，否则，用户程序将以急停的方式对轴进行制动。

单击"启用"按键可在手动控制模式下启用轴。当轴启用后，便可以使用轴控制面板功能。如果因为没有满足某些条件而无法启用轴，需要根据"错误消息"框中的错误消息提示，纠正错误后，再次启用轴。如果要在手动控制模式下临时禁用轴，单击"禁用"按键即可实现该操作。

在命令区有"点动""定位"和"回原点"三种操作，只有当轴启用后方可执行这些命令，其操作效果与相关运动控制指令一样，下文将详细阐述，此处不再赘述。另外，使用"激活加加速度"按钮可以激活或禁用加加速度限值。在默认情况下，加加速度为组态值的10%，可根据需要更改该值。

在激活手动控制模式后，"轴状态"区域中将显示当前的轴状态和驱动器状态，并且单击"确认"按键可以清除所有的错误。在"信息性消息"框会显示有关轴状态的高级信息；在"当前值"（Current values）区域显示轴的当前位置和速度；在"错误消息"框会显示当前的错误信息。

轴的诊断工具用于监视轴的最重要状态和错误消息，其中包括轴的"状态和错误位""移动状态"和"动态设置"等，而且只有当轴被激活时，才可以在手动控制模式和自动控制模式下在线显示诊断功能。轴的状态和错误位如图 5-29 所示，轴的移动状态如图 5-30 所示，轴的动态设置如图 5-31 所示。

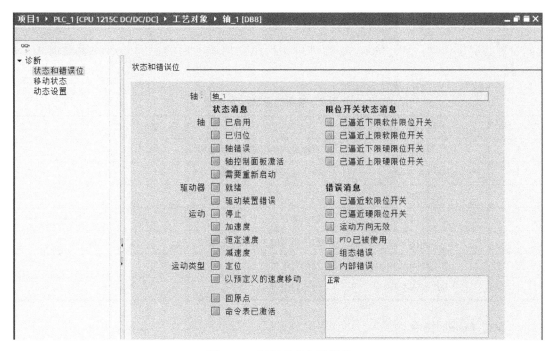

图 5-29　轴的状态和错误位

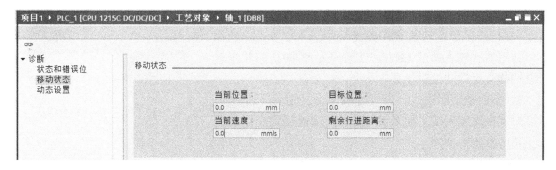

图 5-30　轴的移动状态

对工艺对象轴进行上述配置后，便可以使用运动控制指令对其进行相关的操作。运动控制指令使用相关工艺数据块和 CPU 的专用 PTO（脉冲串输出）来控制轴的运动，常用的运动控制指令有 7 条：MC_Power 指令可启用和禁用运动控制轴；MC_Home 指令可建立轴控制程序与轴机械定位系统之间的关系；MC_Halt 指令可取消所有运动过程并使轴停止运动；MC_MoveAbsolute 指令可启动到某个绝对位置的运动；MC_MoveRelative 指令可启动相对于

项目1 ▸ PLC_1 [CPU 1215C DC/DC/DC] ▸ 工艺对象 ▸ 轴_1 [DB8]

▼ 诊断
   状态和错误位
   移动状态
   动态设置

动态设置

加速度:		紧急减速度:	
2660.0	mm/s²	2660.0	mm/s²
减速度:		加加速度:	
2660.0	mm/s²	0.0	mm/s³

图 5-31　轴的动态设置

起始位置的定位运动；MC_MoveJog 指令可执行用于测试和启动目的的点动运动模式，见表 5-5 。

表 5-5　常用的运动控制指令

序　号	程　序　块	功　　能
1	MC_Power	对轴进行使能或去使能操作
2	MC_Reset	确认轴所有的未决故障
3	MC_MoveJog	点动运行轴
4	MC_Home	轴回零
5	MC_Halt	取消所有的运动，停止轴
6	MC_MoveAbsolute	轴绝对定位
7	MC_MoveRelative	轴相对定位

1. MC_Power 指令

MC_Power 指令用来释放或阻止轴运动控制指令，可启用或禁用轴，指令结构如图 5-32 所示。在启用或禁用轴之前，应确保已正确组态工艺对象轴，而且没有未决的启用-禁止错误。运动控制任务无法中止 MC_Power 的执行，禁用轴（输入参数 Enable=FALSE）将中止相关工艺对象轴的所有运动控制任务。

EN 参数是使能输入，要执行该指令，能流（EN=1）必须出现在此输入端。如果 EN 输入直接连接到左侧电源线，将始终执行该指令。

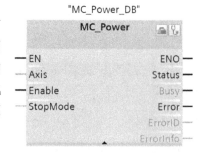

图 5-32　MC_Power 指令结构

ENO 参数是使能输出，如果该指令在 EN 参数输入端有能流且正确执行了其功能，则 ENO 输出会将能流（ENO=1）传递到下一个元素。如果执行功能框指令时检测到错误，则将在产生该错误的功能指令处终止该能流（ENO=0）。

Axis 参数用来连接所需要驱动或禁止的工艺对象轴，选择已经配置好的工艺对象轴的名称即可。

Enable 参数用来控制轴的启用或禁用，当 Enable=FALSE 时，所有激活的任务都将按照参数化的"StopMode"而中止，并且轴也会停止；当 Enable=TRUE 时，运动控制任务尝试启用轴。

StopMode 参数用来控制轴的停止方式，当 StopMode＝0 时轴的运动急停，如果禁用轴的请求未决，则轴将以组态的紧急减速度制动，轴在停止后被禁用；当 StopMode＝1 时轴的运动立即停止，如果禁用轴的请求未决，该轴将在不减速的情况下被禁用，脉冲输出立即停止；当 StopMode＝2 时，通过冲击控制进行急停，如果禁用轴的请求未决，则轴将以组态的急停减速度制动，如果激活了冲击控制，则不考虑组态的冲击，轴在停止后被禁用。

Status 参数表明轴使能的状态，当输出 FALSE 时表示轴已禁用，不会执行运动控制任务并且不接受任何新任务；当输出 TRUE 时表示轴已启用。

Busy 参数表示 MC_Power 指令的状态，当其输出 FALSE 时表示 MC_Power 无效；当输出 TRUE 时，表示 MC_Power 已生效。

Error 参数表示 MC_Power 指令在执行过程中是否出错，当其输出 FALSE 时表示无错误；当输出 TRUE 时表示控制指令 MC_Power 或相关工艺发生错误。

ErrorID 参数表示参数 Error 的错误 ID。

ErrorInfo 参数表示参数 ErrorID 的错误信息 ID。

2. MC_Reset 指令

MC_Reset 指令用来确认"导致轴停止的运行错误"和"组态错误"，指令结构如图 5-33 所示。需要确认的错误可在"解决方法"下的 ErrorID 和 ErrorInfo 的列表中找到。在使用 MC_Reset 指令前，必须先将需要确认的未决组态错误的原因消除。MC_Reset 任务无法被任何其他运动控制任务中止，新的 MC_Reset 任务也不会中止任何其他已激活的运动控制任务。

Execute 参数用来控制指令是否确认所有与运动相关的错误报警信息，该信号上升沿有效。

Restart 参数用于在轴禁止状态下，从装载存储器将轴组态下载至工作寄存器，只有当 Restart＝TRUE 的时候才执行该操作。

Done 参数用来表示错误是否确认。当 Done＝TRUE 时，错误已经确认；反之，则没有确认。

Busy 参数用来表示指令是否正在工作中。当 Busy＝TRUE 时，指令正在执行任务；反之，则没有执行任务。

其余参数与 MC_Power 指令中的相应参数类似，此处以及下文将对此类参数不再赘述。

3. MC_MoveJog 指令

MC_MoveJog 指令用来以指定的速度在点动模式下持续移动轴，该指令通常用于测试和调试，指令结构如图 5-34 所示。在使用 MC_MoveJog 指令之前，必须先启用轴。

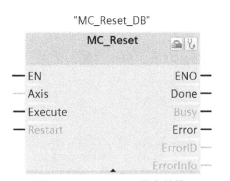

图 5-33　MC_Reset 指令结构

图 5-34　MC_MoveJog 指令结构

JogForward 参数为点动向正方向运动，其默认值为 FALSE。只要此参数为 TRUE，轴就会以参数 Velocity 中指定的速度沿正向移动，参数 Velocity 值的符号被忽略。

JogBackward 参数为点动向负方向运动，其默认值为 FALSE。只要此参数为 TRUE，轴就会以参数 Velocity 中指定的速度沿负向移动，参数 Velocity 值的符号被忽略。如果 JogForward 参数和 JogBackward 参数同时为 TRUE，则轴将以组态后的减速度停止运动，然后通过参数 Error ErrorID 和 ErrorInfo 指示错误。

Velocity 参数表示点动模式的预设速度，默认值为 10.0，取值范围为：启动（或停止）速度≤｜Velocity｜≤最大速度。

InVelocity 参数用来指示点动速度是否达到参数 Velocity 中指定的速度。当其为 TRUE 时，表示已达到指定的速度；反之，则没有达到。

CommandAborted 参数用来指示点动运动是否被打断。当其值为 TRUE 时，表示任务在执行期间被另一任务中止；反之，则没有被中止。

4. MC_Home 指令

MC_Home 指令可将轴坐标与实际物理驱动器位置匹配，建立轴控制程序与轴机械定位系统之间的关系，指令结构如图 5-35 所示。在使用 MC_Home 指令之前，必须先启用轴。

Execute 参数用来控制指令是否执行，该信号上升沿有效。

Mode 参数用来表示回原点模式，共有 4 种。

1）当 Mode=0 时为绝对式直接回原点，新的轴位置为参数 Position 的位置值。

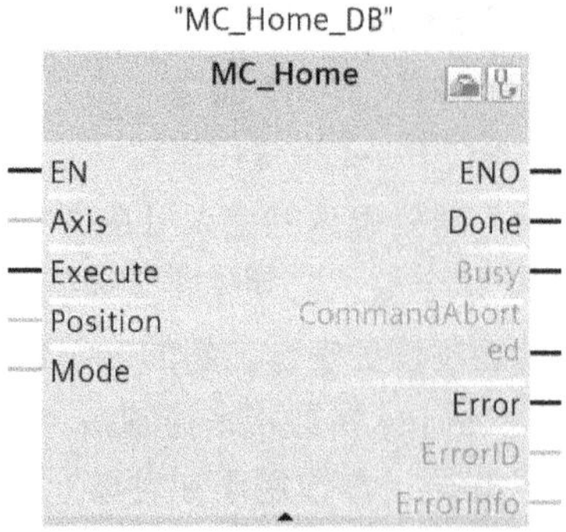

图 5-35　MC_Home 指令结构

2）当 Mode=1 时为相对式直接回原点，新的轴位置为当前轴位置值加上参数 Position 的位置值。

3）当 Mode=2 时为被动回原点，回原点后，参数 Position 的值被设置为新的轴位置。在被动回原点期间，指令 MC_Home 不会执行任何回原点运动。用户必须通过其他运动控制指令来执行该步骤所需的行进运动。当检测到参考点开关时，轴将回到原点。

4）当 Mode=3 时为主动回原点，自动执行回原点步骤。按照轴组态进行参考点逼近，回原点后，参数 Position 的值被设置为新的轴位置。

Position 参数用来表示当前轴位置。

1）当 Mode=0、2 和 3 时，Position 的值是完成回原点操作后轴的绝对位置。

2）当 Mode=1 时，Position 的值是当前轴位置的校正值。

5. MC_Halt 指令

MC_Halt 指令可停止所有运动，并将轴切换到停止状态，停止位置未定义，指令结构如图 5-36 所示。在使用 MC_Halt 指令之前，必须先启用轴。

Execute 参数用来控制指令是否执行，该信号上升沿有效。

Done 参数输出 TRUE 时表示速度为 0。

CommandAborted 参数输出 TRUE 时表示任务在执行期间被另一任务中止。

6. MC_MoveAbsolute 指令

MC_MoveAbsolute 指令用来启动到某个绝对位置的定位运动，达到目标位置后该作业结束，指令结构如图 5-37 所示，在使用 MC_MoveAbsolute 指令之前，必须先启用轴，同时必须使其回原点。绝对位置运动的加速度和减速度需要提前在"动态>常规"（Dynamics>General）组态窗口中组态设置。

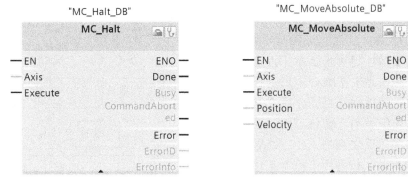

图 5-36　MC_Halt 指令结构　　　　图 5-37　MC_MoveAbsolute 指令结构

Execute 参数用来控制指令是否执行，该信号上升沿有效。

Position 参数是绝对目标位置（默认值为 0.0），取值范围为：$-1.0 \times 10^{12} \leqslant$ Position $\leqslant$ 1.0×10^{12}。

Velocity 参数是轴的速度（默认值为 10.0），由于组态的加速度和减速度以及要逼近的目标位置的原因，并不总是能达到此速度。此参数取值范围为：启动（或停止）速度 $\leqslant$ Velocity $\leqslant$ 最大速度。

Done 参数输出 TRUE 时表示已达到绝对目标位置。

7. MC_MoveRelative 指令

MC_MoveRelative 指令用来启动相对于起始位置的定位运动，以相对方式定位轴的位置，指令结构如图 5-38 所示。在使用 MC_MoveRelative 指令之前，必须先启用轴。相对位置的运动的加速度和减速度需要提前在"动态>常规"（Dynamics>General）组态窗口中组态设置。

Execute 参数用来控制指令是否执行，该信号上升沿有效。

Distance 参数用来设置定位操作的行进距离（默认值为 0.0），取值范围为：$-1.0 \times 10^{12} \leqslant$ Distance $\leqslant 1.0 \times 10^{12}$。

图 5-38　MC_MoveRelative 指令结构

Velocity 参数用来设置轴的速度（默认值为 10.0），由于组态的加速度和减速度以及要行进的距离的原因，并不总是能达到此速度。其取值范围为：启动（或停止）速度 $\leqslant$ Velocity $\leqslant$ 最大速度。

Done 参数输出 TRUE 时表示已达到绝对目标位置。

5.4.4　生产线的点动程序设计

在工件盒生产线中，当需要对链板传送带的位置进行手动调整的时候，可以用点动操作来实现，这样不仅可以提高工作效率，而且节省调试时间。为了方便控制工件盒生产线的点动操作及下文将要讲到的工件盒生产线的回原点运动、绝对运动和相对运动，故在 TP700 触摸屏上设计了一个简单的操作界面，如图 5-39 所示。

在图 5-39 中，"点动正转"和"点动反转"按键用来控制工件盒生产线在两个方向上的点动操作。"点动正转指示灯"和"点动反转指示灯"用来指示工件盒生产线的点动状态，当生产线处于点动正转状态时，点动正传指示灯点亮，反之则熄灭；当生产线处于点动反转状态时，点动反转指示灯点亮，反之则熄灭。"绝对运动"和"相对运动"按键用来控制工件盒生产线的绝对和相对两种运动，其运动速

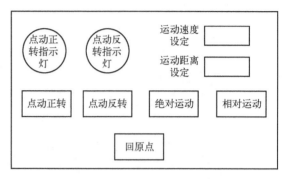

图 5-39　工件盒生产线运动控制界面

度和运动距离及方向则由"运动速度设定"和"运动距离设定"两个输入框来设置；当运动距离设定为正值的时候，生产线向着正方向运动，当运动距离设置为负值的时候，生产线向着反方向运动。"回原点"按键则用于工件盒生产线回到由图 5-3 中定位挡块和光电开关所确定的原点位置。

打开 TIA 博途软件，按照第 2 章和第 3 章的步骤建立项目，添加并组态 S7-1215C PLC 和 TP700 触摸屏，然后在 PLC 变量表中新建驱动程序所需的变量——点动正转、点动反转、点动正转指示灯、点动反转指示灯、绝对运动、相对运动、运动速度设定、运动距离设定和回原点，详细的变量分配如图 5-40 所示。

	名称	数据类型	地址	保持	在 H...	可从 ...	注释
1	点动正转	Bool	%M0.0		☑	☑	
2	点动反转	Bool	%M0.1		☑	☑	
3	点动正转指示灯	Bool	%M0.2		☑	☑	
4	点动反转指示灯	Bool	%M0.3		☑	☑	
5	绝对运动	Bool	%M0.4		☑	☑	
6	相对运动	Bool	%M0.5		☑	☑	
7	回原点	Bool	%M0.6		☑	☑	
8	运动速度设定	Int	%MW1		☑	☑	
9	运动距离设定	Int	%MW4		☑	☑	

默认变量表

图 5-40　工件盒生产线 PLC 变量分配表

根据图 5-39 所示，在触摸屏的根画面中建立驱动所需的控制元件，并将其和 PLC 变量相连接，结果如图 5-41 所示（具体操作参考第 3 章的内容）。

按照 5.4.3 节的操作步骤，对工艺对象轴进行组态，然后在 PLC 的 Main 程序窗口设计点动程序。在这里采用"MC_Power"和"MC_MoveJog"指令来完成工件盒生产线的点动操作，如图 5-42~图 5-44 所示，其详细的使用方法请参考 5.4.3 节相关内容。

将 PLC 和触摸屏的配置及程序分别下载到相应的设备，启动设备后便可以通过触摸屏控制工件盒生产线的点动操作，并且指示灯将按照设定程序正常工作。

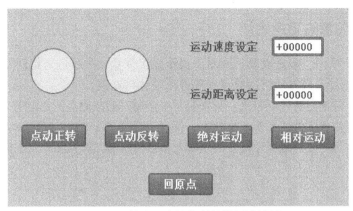

图 5-41　工件盒生产线控制触摸屏设计界面

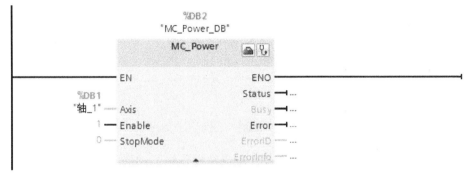

图 5-42　工件盒生产线驱动使能程序

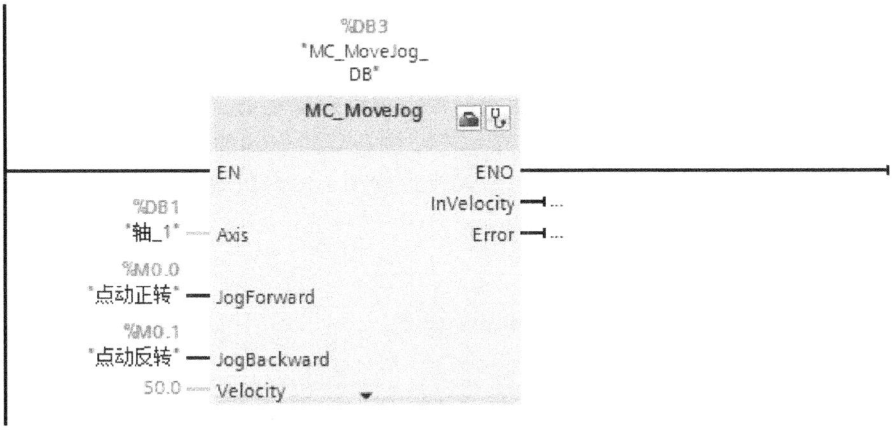

图 5-43　工件盒生产线点动驱动程序

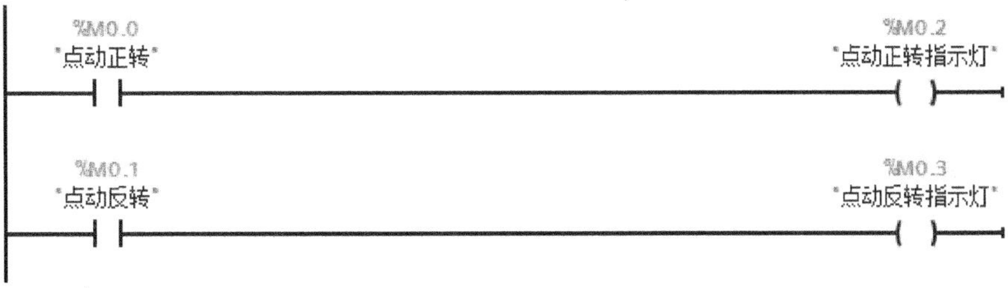

图 5-44　工件盒生产线点动指示程序

5.4.5　生产线回原点程序设计

在工件盒生产线中，步进电动机回原点操作是工件盒生产线进行绝对运动和相对运动的基础，因此此处先对步进电动机回原点程序进行设计与调试。

在工件盒生产线的链板传送带中，仅安装了一个用于确定原点的光电传感器，传送带的两端没有安装硬件限位传感器，如图5-3所示，而且光电传感器输出信号连接到PLC的I1.0端子上，因此可以在生产线点动程序设计的基础上为系统添加回原点程序，如图5-45所示。

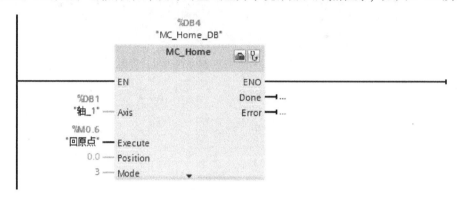

图5-45　工件盒生产线回原点程序

将程序下载到PLC后，启动相关设备，用点动操作将工件盒生产线调节至偏离原点的某一位置，然后从触摸屏上选择"回原点"操作，便可以看到设备正常回到原点。

5.4.6　生产线的绝对运动程序设计

在工件盒生产线中，经常需要生产线根据需要运动到规定的位置，故此生产线按照绝对运动方式运动，其程序如图5-46所示。在生产线进行绝对运动的时候，需要提前在触摸屏上设置运动的距离和运动速度，也可以根据需要将这两个参数以常量的方式输入指令。

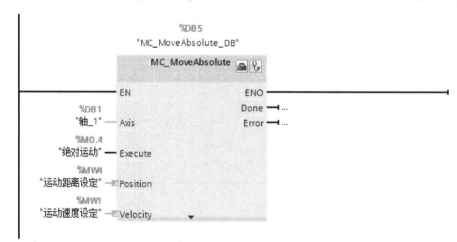

图5-46　工件盒生产线绝对运动程序

将程序下载到PLC后，启动相关设备，先使生产线回到原点，然后在触摸屏上设置运动距离和运动速度，单击"绝对运动"即可控制生产线按照设定的速度和距离进行绝对运动。

5.4.7　生产线的相对运动程序设计

在工件盒生产线中，经常需要根据实际需要调整生产线的位置，故此生产线需要按照相对运动方式运动，其程序如图 5-47 所示。在生产线进行相对运动的时候，需要提前在触摸屏上设置运动的距离和运动速度，也可以根据需要将这两个参数以常量的方式输入指令。

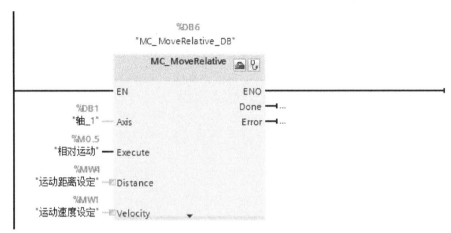

图 5-47　工件盒生产线相对运动程序

将程序下载到 PLC 后，启动相关设备，在触摸屏上设置运动距离和运动速度，单击"相对运动"即可控制生产线按照设定的速度和距离进行相对运动。

当掌握工件盒生产线的点动、回原点、绝对运动和相对运动等操作后，便可以根据实际应用的需要对相应的功能进行自由组合，从而达到预期的控制效果。

思考与练习

1. 简答题

（1）工件盒生产线由哪些部件组成？

（2）简述工件盒生产线的工作原理。

（3）常用运动控制系统由哪几部分组成？

（4）S7-1215C 高速脉冲输出包含哪几部分？分别有什么作用？

（5）"轴"工艺对象包含哪几部分？

（6）设计步进电动机的驱动程序，使其能够实现回原点、点动、绝对运动和相对运动等功能。

2. 思考题

西门子 PLC 常用的运动控制指令有哪些？各自的功能是什么？

第6章

工业机器人实践操作与进阶

学习目标:

1. 了解工业机器人的结构与功能。
2. 掌握工业机器人的基本操作方法。
3. 掌握工业机器人与 PLC 的通信。

在本书所介绍的机器人工作站中,工业机器人是核心部件,主要用作分拣、搬运、码垛和装配等操作。机器人工作站选用的是 HR20-1700-C10 型工业机器人,其末端最大负载为20 kg,最大臂展为 1700 mm,控制系统为 C10 平台。

6.1 工业机器人的组成

15 工业机器人的组成

工业机器人在出厂的时候一般由机器人本体、机器人控制柜和机器人示教器组成。机器人本体又称为机械臂,是机器人各种动作实现的操纵机构;机器人本体在出厂的时候一般不安装手爪,手爪是用户根据实际应用需要进行设计并安装使用的。机器人控制柜用来驱动机器人各个关节的动作及控制其工作流程。机器人示教器也称为示教盒,用来手动操纵机器人,配置机器人参数,在线编辑、调试和运行机器人程序。

6.1.1 机器人的机械结构

机器人的机械结构包括机器人的本体机械结构、驱动机构和传动系统。机器人各个组成部分及各运动关节的定义如图 6-1 所示。

机器人本体机械结构由机身(含基座)、臂部(含手腕)和手部三部分组成。机身是支撑臂部的部件,通常与基座做成一体。臂部由大臂和小臂组成,连接机身和腕部,带动腕部做平面运动。腕部连接臂部和手部,并决定手部在空间里的姿态。手部直接与工具工件接触,它能执行人手的部分功能。

机器人的驱动机构多采用交流伺服电动机来实现,在本书所讲述的工业机器人中共有六台伺服电动机,同时驱动机器人的六个关节实现不同的运动形式。伺服电动机则由伺服驱动

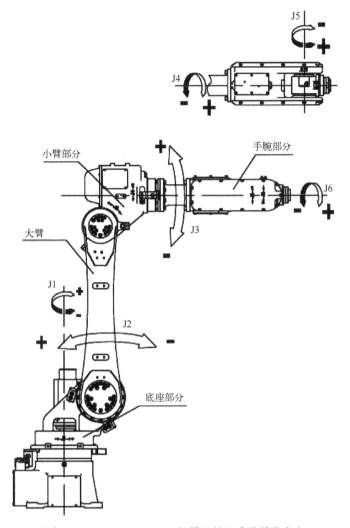

图 6-1　HR20-1700-C10 机器人的组成及关节定义

器来控制，其不仅能够驱动伺服电动机工作，而且还可以接收伺服电动机输出的反馈信号，形成闭环控制，从而实现机器人的高精度运动。

　　机器人的传动系统与驱动机构连接，将驱动机构中伺服电动机输出的高转速、低转矩的动力转换为低转速、高转矩的动力，来驱动机械本体动作。常用的传动机构有齿轮、同步带和减速器等。同步带一般使用在空间狭小、无法直接安装伺服电动机的机器人关节处，先将伺服电动机安装在距离该关节较近、安装空间足够的部位，然后通过同步带将动力传递到目标关节，如六关节机器人第五轴的驱动，如图 6-2 所示。

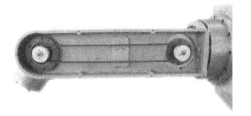

图 6-2　同步带传动的机器人关节

　　机器人在运行过程中驱动电动机转速较高，但机械本体动作较慢，使用减速器可以完成转速匹配和转矩传递的作用。大量应用在关节型机器人上的减速器主要有两类——谐波减速器和 RV 减速器。谐波减速器是由固定的内齿刚轮、柔轮和使柔轮发生径向变形的谐波发生器组成，谐波发生器为主动件，柔轮为从动件，其外观如图 6-3 所示。

RV 减速器由第一级渐开线圆柱齿轮行星减速机构和第二级摆线针轮行星减速机构两部分组成，具有重量轻、传动比范围大、寿命长、精度保持稳定、效率高和传动平稳等一系列优点，其外观如图 6-4 所示。

图 6-3　谐波减速器　　　　　　　　　　　　　图 6-4　RV 减速器

谐波减速器虽然重量较轻、外形尺寸较小、减速比范围大、精度高，但刚性较差，一般用在机器人的小臂、腕部或手部。相比于谐波减速器，RV 减速器具有更高的刚度和回转精度，因此在关节型机器人中，一般将 RV 减速器放置在机座、大臂、肩部等重负载的位置。

RV 减速器较谐波减速器具有高得多的疲劳强度和刚度以及更长的寿命，而且回差精度稳定，故高精度机器人传动多采用 RV 减速器，而且 RV 减速器在先进机器人传动中有逐渐取代谐波减速器的趋势。

6.1.2　机器人的控制系统

工业机器人的控制系统即为机器人控制柜，其主要包括机器人控制器、伺服驱动器、安全板和电源等。

机器人控制器主要用来采集机器人的检测信号、控制伺服驱动器实现机器人本体的运动、监控安全控制板的状态、读取示教器的数据以及与上位机通信等，从而实现对机器人整个工作流程的实时控制。本工作站中的机器人采用 KEBA 公司生产的 KeControl 作为控制器，其 CPU 是 KeMotion r5000 系列的 CP252/X CPU 模块（部分机型采用 CP265/X CPU 模块），其运行的是 VxWorks 实时操作系统。控制器带有 CF 卡，操作系统和应用软件以及系统的数据都存储在 CF 卡中。系统中同时安装了机器人控制系统和软 PLC 控制系统两套软件，它们同时运行，通过共享内存块的方式进行通信。机器人控制系统负责运动控制；软 PLC 控制系统负责电气逻辑和实时外部信号采样处理工作，通过与机器人控制系统通信，还可以扩展成为系统的主控部分，对运动控制过程进行控制。CPU 模块可以通过 FX271/A 模块、采用 SERCOS III 总线与伺服驱动进行通信，而且 CPU 模块还可以通过以太网口（EtherNet）与示教器和上位机进行通信。另外，机器人控制器还配置了 4 块 DM272/A 数字 I/O 扩展模块，每块 DM272/A 可以提供 8 路数字输入通道和 8 路数字输出通道，用于驱动伺服电动机部分控制信号、采集机器人外围设备数字信号并控制其工作流程。机器人控制器 CPU 及数字输入输出模块外形如图 6-5 所示。

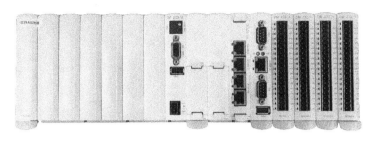

图 6-5　机器人控制器及 I/O 模块外形图

工业机器人的 6 个关节由不同功率的交流伺服电动机驱动，对应的有 6 个伺服驱动器，驱动器的功能是驱动并控制伺服电动机运动，电动机的平稳运动需要对驱动器设置合理的参数。第 1 轴和第 2 轴采用相同的伺服驱动器，其型号为 RS2A10A0KA4W00，驱动器容量为 100 A；第 3~6 轴采用相同的伺服驱动器，其型号为 RS2A03A0KA4W00，驱动器容量为 30 A。伺服驱动器具有主电源输入端口（R、S、T）、伺服电动机供电输出端口（U、V、W）和控制电源输入端口（r、t），其中控制电源输入端口因伺服驱动器的型号不同而位置不同。伺服驱动器还具有多个通信端口，CN0 为上位机控制器连接端口，用于接收上位机的控制信号，此处 CN0 连接到机器人控制器；CN1 为上位机控制器输入输出信号端口，用于级联到另一个伺服驱动器的 CN0 端口，将上位机控制信号传递至该伺服驱动器，若同时使用多个伺服驱动器，则按照该方法连接即可；CN2 为安全转矩切断功能用端口，通常和机器人的安全板连接，用于机器人安全控制逻辑的实现；CN3 为通用输入输出信号端口，用于抱闸、报警输出等；CN4 为计算机通信用电缆端口，用于连接电脑调试及监控；EN1 为编码器信号端口，用于输入伺服电动机编码器信号。容量为 30 A 的伺服驱动器常用接线方式如图 6-6 所示，容量为 100 A 的伺服驱动器使用方法与 30 A 的类似，仅控制电源输入端口（r、t）的位置与 30 A 的不同。

机器人的安全板用来生成机器人运行安全控制逻辑，并驱动电动机抱闸和显示驱动器报警。其中，报警输出口有 1 路显示，电动机抱闸有 6 路显示。安全板元件布局如图 6-7 所示。安全板各接口的功能见表 6-1，安全板上指示灯功能说明见表 6-2。

表 6-1　安全板接口功能介绍

接插件序号	功　能	接插件序号	功　能
JP1	继电器工作电源	P4	电控柜急停
JP2	电动机抱闸工作电源	P5	安全信号输出
JP3	主接触器控制信号	P6	外部急停
JP4	H1 灯信号	P7	1~6 轴电动机制动信号（伺服驱动制动）
JP5	焊接及伺服准备信号	P8	驱动器安全单元用 24VG
P1	面板按钮控制信号	P9	驱动器安全单元用 24VP
P2	示教盒急停及手压信号输入	JJP1、JJP2、JJP3	各轴驱动器报警及抱闸信号输入
P3	H1，H2 灯控制信号	—	—

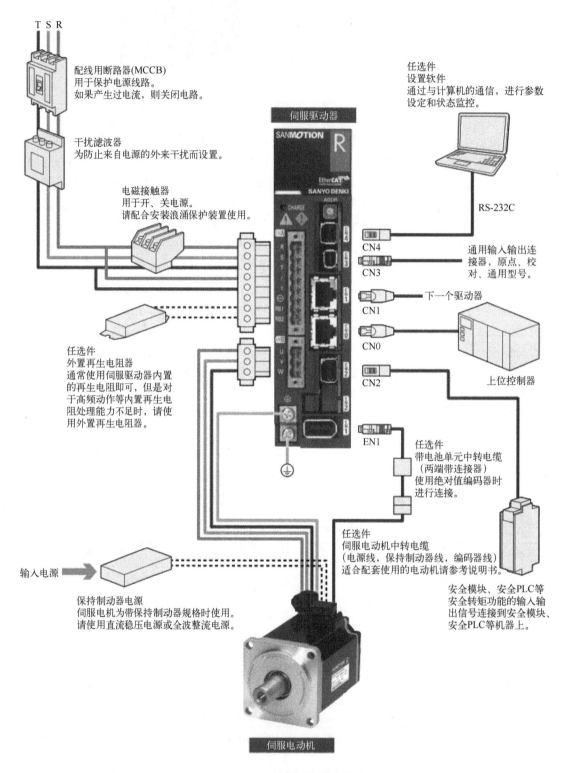

T S R

配线用断路器(MCCB)
用于保护电源线路。
如果产生过电流,则关闭电路。

干扰滤波器
为防止来自电源的外来干扰而设置。

电磁接触器
用于开、关电源。
请配合安装浪涌保护装置使用。

任选件
设置软件
通过与计算机的通信,进行参数
设定和状态监控。

伺服驱动器

SANMOTION R

EtherCAT
SANYO DENKI

RS-232C

CN4

CN3
通用输入输出连
接器,原点、校
对、通用型号。

CN1
下一个驱动器

CN0

CN2
上位控制器

任选件
外置再生电阻器
通常使用伺服驱动器内置
的再生电阻即可,但是对
于高频动作等内置再生电
阻处理能力不足时,请使
用外置再生电阻器。

EN1

任选件
带电池单元中转电缆
(两端带连接器)
使用绝对值编码器时
进行连接。

任选件
伺服电动机中转电缆
(电源线,保持制动器线,编码器线)
适合配套使用的电动机请参考说明书。

输入电源

保持制动器电源
伺服电机为带保持制动器规格时使用。
请使用直流稳压电源或全波整流电源。

安全模块、安全PLC等
安全转矩功能的输入输
出信号连接到安全模块、
安全PLC等机器上。

伺服电动机

图6-6 30A伺服驱动器接线图

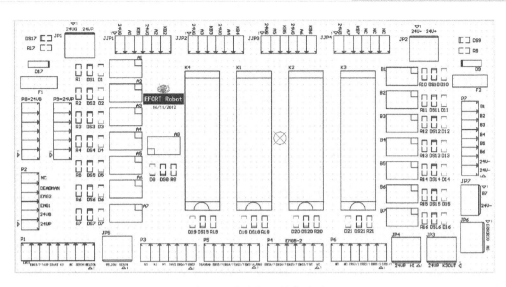

图 6-7　安全板元件布局图

表 6-2　安全板指示灯说明

接插件序号	功　能	接插件序号	功　能
DS1~DS6	1~6 轴报警指示，正常时熄灭	DS16	7 轴抱闸指示灯
DS7	7 轴报警预留指示灯	DS17	24 V 电源指示灯，正常时灯亮
DS8	报警指示灯，正常时灯亮	DS18、DS20	急停指示灯，急停按钮没有按下时，此灯常亮
DS9	24 V 电源指示灯，正常时灯亮	DS19	开伺服指示灯，当按下电柜开伺服按钮后，灯亮
DS10~DS15	1~6 轴抱闸指示，抱闸打开时灯亮	DS21	预留指示灯，正常为熄灭状态

　　另外，安全板上还有 3 个安全继电器（K1、K2、K3）和一个中间继电器（K4），用在控制电路回路中。K1 与 K2 一起形成双回路急停控制电路，K3 用于报警信号的输出控制，K4 用于启动伺服控制回路，继电器的位置如图 6-7 所示。

　　机器人控制柜的输入电源是 AC 380V，通过滤波及转换后分别给伺服驱动器、控制电路、电动机抱闸和制冷风扇等部件供电，该部分电路较为简单，此处不再详述。

6.1.3　机器人示教器

　　机器人示教器是工业机器人的重要组成部分之一，用来手动操纵机器人，配置机器人参数，在线编辑、调试和运行机器人程序，监控机器人的运行状态。本书所使用的机器人采用的是 KEBA 公司的 KeTop 示教器，该示教器有 T10、T20、T55、T70、T150、T200 和 AP521 等多个型号。其采用嵌入式处理器，运行 WinCE 操作系统，通过以太网与机器人控制器连接通信，在局域网内有自己的 IP，相当于一个独立的终端，可以使用路由器连接，提供对 TCP 等协议的支持。本书以常用的 T55 型为例来介绍示教器的结构及使用方法。

　　T55 示教器的正面有急停按钮、模式选择开关、状态指示灯、功能按键、USB 接口和触摸屏等结构，如图 6-8 所示。

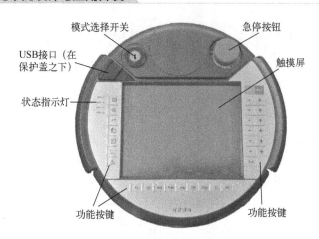

图6-8   T55示教器正面结构

急停按钮与机器人控制柜前面板急停串联，功能相同，用于机器人的紧急停止。

模式选择开关（钥匙开关）用来选择机器人的工作模式，其分为三种工作模式：钥匙开关旋转到最右边为手动模式，最左边为自动扩展模式，中间为自动模式。在手动模式下，当示教器背面的使能开关有效时，工业机器人才能够动作；在自动扩展模式下，机器人由示教器控制，机器人通过外部输入信号进行操作；在自动模式下，机器人按程序自动运行，不受外部输入信号控制。

状态指示灯共4个，用来指示系统的运行状态。系统正常启动时RUN灯亮，显示绿色；如果发生错误则Error灯亮，显示红色；当机器人上电时Motion灯亮，显示绿色；当机器人运行程序时Process灯亮，显示绿色。

功能按键共有3部分，围绕触摸屏布置。位于触摸屏左侧的一列按键用来切换示教器的工作界面，共有7个按键，自上而下分别为用户预留按键、用户设置按键、变量管理按键、工程管理按键、程序文件管理按键、位置管理按键和报警报告处理按键。各按键功能如下：

（1）用户预留按键[U]——在此处没有任何功能和其相关联，为示教器功能扩展所预留。

（2）用户设置按键&——用来执行用户登录、语言选择、时间设置和权限转换等操作，监测I/O点状态和伺服驱动器参数。

（3）变量管理按键X=——用来执行变量查看、添加和修改等操作，设置坐标系信息并监控程序中的各示教点位。

（4）工程管理按键□——用来执行新建、打开、下载程序和关闭文件等操作，显示正在执行的项目和程序。

（5）程序文件管理按键图——用来执行程序修改、复制、粘贴、打开和删除等操作。

（6）位置管理按键L——用来实现对示教器操作参数的设置功能，如点动速度、坐标系切换、显示位置信息等。

（7）报警报告处理按键⚠——用来以文字形式显示报警信息或机器人工作报告。

在触摸屏右侧的按键用来控制机器人的程序运行及手动操纵机器人的各个关节的运动。Start和Stop按键分别用来启动机器人程序的示教再现和停止示教再现。6对"−"和"+"按键用来控制机器人各个关节的运动，在关节坐标系下，从上到下的"−"和"+"按键分别用来操作第1关节至第6关节轴的负向和正向运动；而在直角坐标系下，则分别用来操作机器人沿着机器人 X 轴、Y 轴、Z 轴的直线运动以及绕这三个轴的旋转运动。"2nd" 按键用于将触摸显示屏翻到下一页或者附加轴页。

在触摸屏下面还有一些功能按键，其中 F1、F2、Rob、F/B 按键为预留功能键，用作示教器功能扩展；Mot 按键用于机器人上电或下电；Jog 按键用于切换机器人坐标系，其包括关节坐标系、基坐标系和工具坐标系，它们之间可以循环切换；Step 按键用于机器人程序再现运行时，切换程序的运行方式，包括单步和连续两种方式；V+和 V-按键用于调节机器人的运动速度。

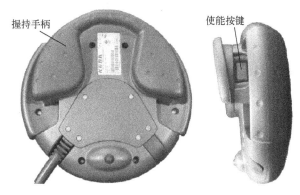

图 6-9　T55 示教器背面结构

T55 示教器的背面有握持手柄和使能按键，如图 6-9 所示。当需要通过示教器操纵机器人的时候，通过握持手柄来抓握示教器。使能按键位于握持手柄的内部，使得操作者在握持示教器的时候，可以根据需要随时按下或松开使能按键。

6.1.4　机器人的手部

工业机器人的手部直接与作业对象接触，用来对作业对象进行搬运、码垛以及其他作业，是机器人最重要的执行机构。在本书所使用的机器人工作站中，机器人仅需要搬运表面平整的工件及托盘，故此需要吸盘类手爪即可满足使用要求。为了便于搬运工件和托盘，特设计了两套吸盘机构——单吸盘和双吸盘，单吸盘用来搬运工件进行码垛、装配等操作；双吸盘用来搬运托盘，将其运送至托盘收集处。机器人的吸盘手爪由吸盘、吸盘支架、气管接头、气管、连接杆和法兰盘组成，法兰盘用于将该手爪安装到机器人的第 6 轴的末端安装法兰上，其外形如图 6-10 所示。

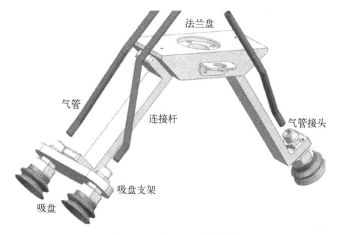

图 6-10　手爪及吸盘机构

手爪吸盘采用气流负压的原理来吸附工件及托盘，并在单吸盘和双吸盘的气路上分别安装了两个真空压力表，用来检测气流负压的吸附力，其气路原理示意图如图 6-11 所示。在吸附工件的时候，机器人将单吸盘轻轻压在工件的表面上，然后机器人控制器发出驱动信号，使得电磁阀 YV1 导通；气流通过电磁阀 YV1 后，经真空发生器产生负压，用来吸附工件；负压的大小由压力表 1 来检测，并将该信号输入机器人控制器；当机器人检测到负压满足吸附要求到时候，便将工件取走，否则继续等待。双吸盘的工作原理与单吸盘的类似，仅仅是控制信号不同，此处不再赘述。气流负压的产生及吸附力的检测是由机器人控制器中的第 4 块 DM272/A 即模块 4 来实现的；其中，电磁阀 YV1 由模块 4 的 DO0 端子来控制，其地址为 24；电磁阀 YV2 由模块 4 的 DO1 端子来控制，其地址为 25；压力表 1 的输出信号由模块 4 的 DI0 端子来采集，其地址为 24；压力表 2 的输出信号由模块 4 的 DI1 端子来采集，其地址为 25。

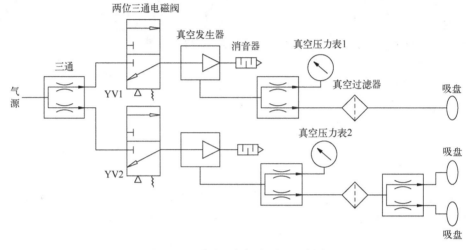

图 6-11　手爪吸盘气路原理示意图

工业机器人吸取工件时的动作状态如图 6-12 所示，双吸盘吸取托盘时的动作状态如图 6-13 所示。

图 6-12　单吸盘吸取工件　　　　　图 6-13　双吸盘吸取托盘

6.2　工业机器人的基本操作

在使用机器人工作站的时候，所用到的机器人的基本操作主要有机器人的开关机操作、机器人的手动操作和机器人工具坐标的设定等。

6.2.1　机器人的开关机操作

在对工业机器人进行开关机操作之前，需要先熟悉其控制柜上操作按钮及指示灯的功能及其使用方法。机器人控制柜上的操作按钮及指示灯如图 6-14 所示，包括紧急停止按钮、主电源开关、开伺服按钮、关伺服按钮、伺服报警指示灯、使能开关钥匙旋钮和权限转换钥匙旋钮等。

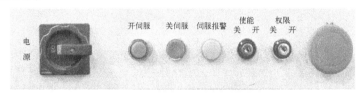

图 6-14　机器人控制柜前面板按钮及指示灯

主电源开关用于打开或者关闭机器人的系统电源，其有两个工作位置，即导通位置"ON"和关闭位置"OFF"。当其旋转到水平位置的时候，处于关闭位置，切断机器人系统供电；当其顺时针旋转到竖直位置的时候，处于导通位置，接通机器人系统供电。

开伺服按钮为带灯点动按钮，用来启动机器人伺服驱动器的供电。当其按下后，其绿色指示灯点亮，并且伺服驱动器得电。

关伺服按钮为点动按钮，用来关闭机器人伺服驱动器的供电。当其按下后，切断伺服驱动器供电。

伺服报警指示灯用于指示伺服驱动器是否有故障，当伺服驱动器发生故障时其闪烁报警。

使能开关有两个档位，即使能开和使能关。当使能打开的时候，机器人才可以工作在自动运行模式下。该开关不影响机器人的手动操作。

权限开关也有两个档位，即权限开和权限关，用于控制机器人的工作权限。当权限开关和使能开关均打开时，机器人由上位机进行控制；当权限关并且在示教器登录界面选择控制权后才可以使用示教器控制机器人。

机器人的开机必须按照如下步骤进行：

（1）在机器人开机之前，必须确认机器人和外围设备周围没有异常或者危险状况；

（2）确认主电源供电正常，附属配套设备供电正常；

（3）沿顺时针方向将机器人控制柜面板上的主电源开关旋至"ON"位置；

（4）等待系统启动，当示教器显示主界面时表示机器人启动完成；

（5）按下控制柜上的开伺服按钮，伺服电动机通电，工业机器人进入等待运动状态。

机器人的关机必须按照如下步骤进行：

（1）在关闭机器人之前，将机器人姿态调至初始位置，复位气路电磁阀信号，确定工作人员以及周边设备安全；

（2）关闭所加载程序，按下机器人控制柜上的关伺服按钮，确保伺服驱动器关闭；

（3）将机器人控制柜上的主电源开关逆时针旋至"OFF"位置。

注意：禁止快速进行开关机切换，否则会损坏设备。

6.2.2 机器人的手动操作

机器人的大部分操作都需要在示教器上完成，故此需要先了解示教器的各个操作界面。示教器的显示屏分为4个显示区，分别为通用显示区、状态显示区、菜单显示区和点动显示区，如图6-15所示。

图6-15 示教器工作界面

通用显示区用来显示各种操作菜单的界面，可以对程序、配置文件以及各种设定进行显示和编辑；菜单显示区用来显示当前通用显示区内所显示的对应菜单界面，包括用户设置按键、变量管理按键、工程管理按键、程序文件管理按键、位置管理按键和报警报告处理按键；点动显示区用来显示当前对应点动按键的点动方式，如当前点动显示区显示 A1~A6时，对应为关节点动方式；状态显示区用来显示系统的各种运行状态，包括运行模式、伺服状态、点动坐标系和点动速度等，如图6-16所示。

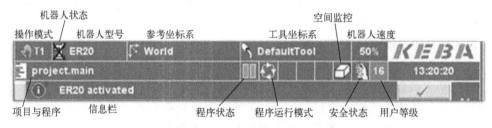

图6-16 示教器状态显示区

操作模式分为手动模式、自动模式与自动扩展模式三种。在手动模式下，当示教器背面的使能开关有效，工业机器人才能够动作；在自动扩展模式下，机器人由示教器控制，机器人通过外部输入信号进行操作；在自动模式下，机器人按程序自动运行，不受外部输入信号的控制。

机器人状态显示伺服电动机上电状态，绿色表示伺服电动机已经上电，机器人可以运动；红色则表示伺服电动机未上电，机器人不能运动。

机器人型号用来显示机器人控制器所连接机器人本体的型号。

参考坐标系用来显示当前系统正在使用的坐标系，可以在位置管理界面的坐标系处设定所需的参考坐标系。

工具坐标系用来显示当前正在使用的工具坐标系的名称，可以根据实际使用的需要来切换不同的工具坐标系。

机器人速度用来显示机器人示教器当前所设置的点动速度百分比。

项目与程序用来显示当前正在编辑、运行的项目及程序名称。

信息栏用来显示当前机器人的状态信息。

程序状态用来显示机器人程序所处的运行状态，其分为运行、停止或暂停三种状态。

程序运行模式用来显示机器人程序所处的运行方式，可分为单步运行、连续运行和动作单步三种方式，其中机器人在动作单步方式下仅仅执行程序中的运动类指令，其他类型的指令将被忽略，不执行。

空间监控用来监控机器人的运行空间，其与机器人的安全运动空间相关。

安全状态用来显示机器人当前所处的状态，如手动操作、自动操作等。

用户等级用来显示当前用户的控制权限等级。

1. 用户设置

在示教器上按下用户设置按键🔧便可进入用户设置界面，在该界面上可以完成系统维护、输入输出监测和驱动器监测等功能，如图6-17所示。

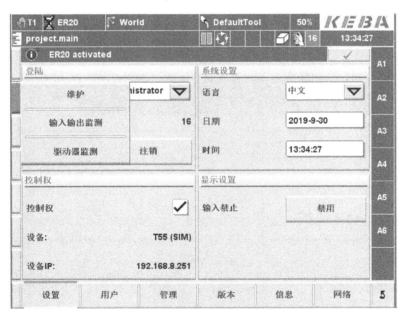

图6-17 用户设置界面

（1）维护

通过示教器的用户设置界面可以直接选择并进入维护界面，在该界面下有设置、用户、管理、版本、信息和网络等多种功能供用户选择使用。

设置界面用来完成用户的登录、注销和系统设置等功能。登录界面可以选择要登录的用户，以及是否具有写权限和控制权。系统设置包括界面语言的选择以及日期、时间的设置，如图 6-18 所示。

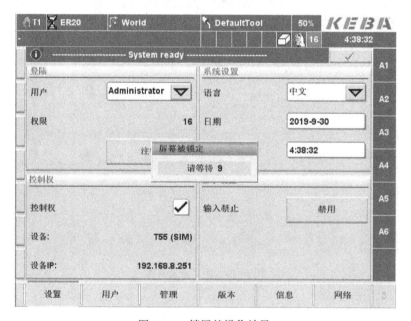

图 6-18　设置界面

显示设置用作锁屏，单击"禁用"按键，系统默认锁屏时间为 10 s。在锁屏期间，所有按键失效，主要作用是在锁屏期间进行触摸屏清洁工作，防止误操作，如图 6-19 所示。

图 6-19　锁屏的操作效果

用户界面用来显示当前设备使用者的用户名、IP 地址、等级以及控制权限等，其界面如图 6-20 所示。

图 6-20 用户界面

管理界面可以管理用户组，对其进行创建、编辑及删除等操作，但是只有登录用户为管理员用户时才可以打开管理界面，其界面如图 6-21 所示。Administrator（管理员）用户拥有最高权限，能够完成所有的操作；operator（操作员）权限最小，只能观察机器人的程序和变量，无权修改；teacher（示教员）可以修改机器人的程序和变量，但无权删除其他用户类型；service（服务商）可以实现除删除、注册用户类型以外的所有功能。

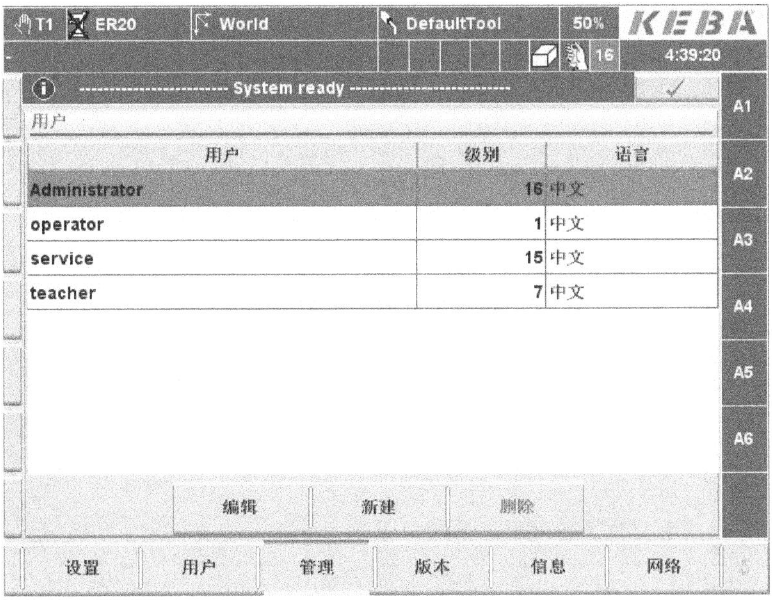

图 6-21 管理界面

版本界面用来显示控制器、示教器和工具使用的版本信息，其界面如图 6-22 所示。

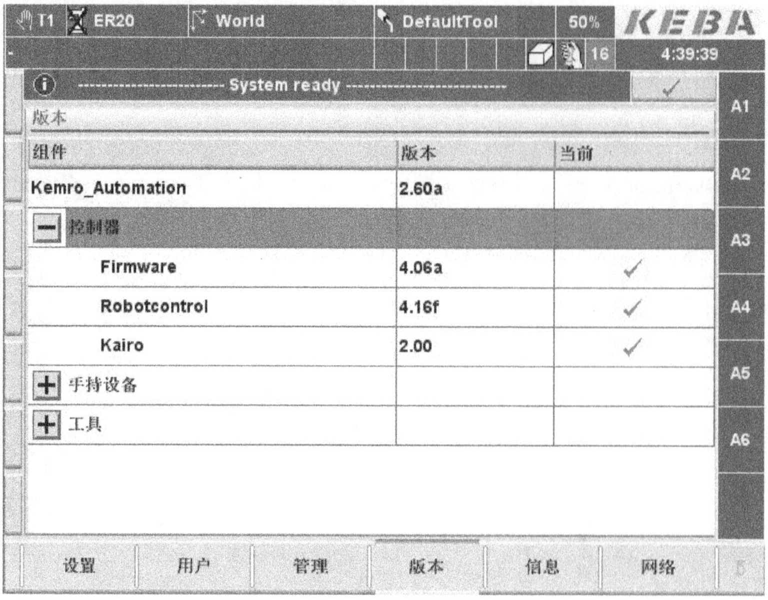

图 6-22　版本界面

信息界面用来显示系统信息，并可以对系统进行操作。"HMI 重启"按键用来重新启动示教器，"重启"按键用来重新启动控制系统。通过"生成"按键可以选择是否创建机器人控制器中软 PLC 的状态报告，该报告保存在控制器的 CF 卡上；"输出"按键可以将用户选择的状态报告保存到插在控制器或者示教器上的 USB 存储设备上。HMI 的状态报告可以通过"生成"按键和"输出"按键创建并输出。信息界面如图 6-23 所示。

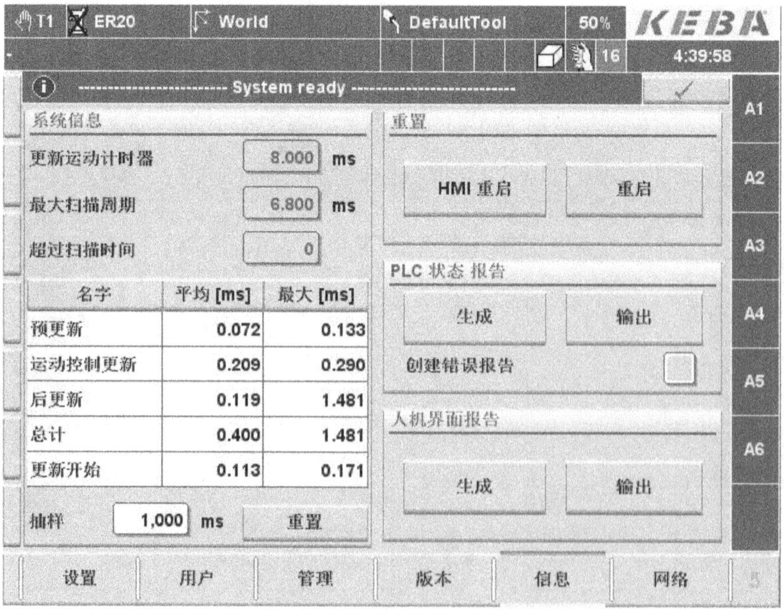

图 6-23　信息界面

网络界面可以查看示教器和控制器的 IP 地址，以及选择主机管理地址，如图 6-24

所示。

图 6-24　网络界面

（2）输入输出监测界面

输入输出监测界面用于显示系统的硬件配置，"详细"按键显示所选择硬件的具体内容，而"信息"按键则显示当前选中项的具体信息，如图 6-25 所示。

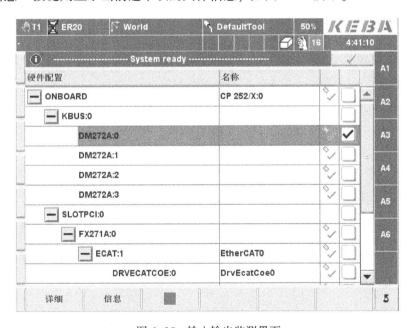

图 6-25　输入输出监测界面

硬件配置的信息可以在概览模式与详细模式之间切换，进入详细模式后，通过单击"概览"按键可以切换到输入输出监测界面，如图 6-26 所示。

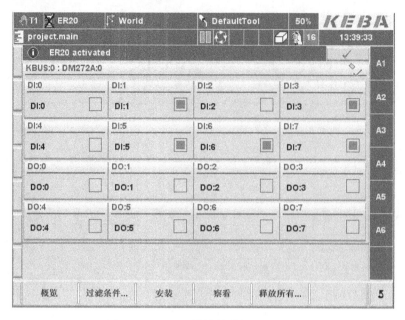

图 6-26　DO272 模块的详细显示界面

　　"过滤条件"按键用来设置过滤条件，通过该按键可以设置过滤器开启或者关闭。如果过滤器开启，那么"安装"按键可用；如果过滤器关闭，那么"安装"按键不可用。"安装"按键打开过滤条件设置的对话框（选择要被显示的模式），如图 6-27 所示。

　　"察看"按键用来设置窗口的观察模式——紧凑、正常和列表，如图 6-28 所示。"释放所有"按键用于取消所有强制的 I/O 状态。

图 6-27　过滤条件设置界面

图 6-28　察看界面

（3）驱动器监测

驱动器监测用来查看驱动器的参数、驱动器与控制器直接的关系等信息。

2. 变量管理

　　在示教器上按下变量管理按键 **X =** 便可进入变量管理界面，在该界面可以实现变量建立、赋值和管理功能。单击"变量监测"进入变量监测的界面，界面中分布着已经存在的系统变量、全局变量以及项目变量，"+"可以展开显示，"−"可以收缩显示，并有变量类型过滤器可选择，单击选择"ALL"，则显示所有变量，如图 6-29 所示。

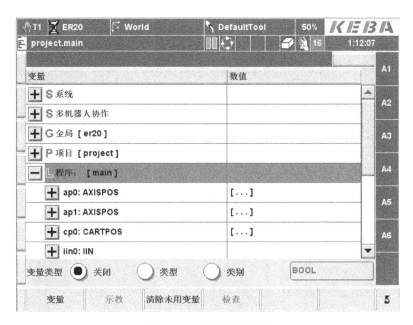

图 6-29 变量监测界面

单击"变量"按键将展开"删除""粘贴""复制""剪切""重命名"和"新建"等选项，用以对某项目或其子目录下的变量进行相关操作，如图 6-30 所示。

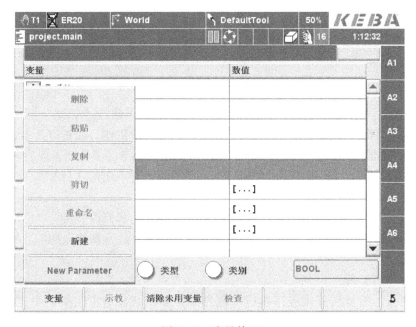

图 6-30 变量管理

"示教"按键用于示教并保存在程序运行过程中需要的位置数据。"清除未用变量"按键可以删除所有没有使用的变量，而"检查"按键则用于检查所选变量是否被使用。

"监控"按键则用来显示所选择的监控信息，"码垛"用来显示所选择堆垛的详细信息，"位置"用来显示所选择机器人点位的详细信息。

3. 工程管理

在示教器上单击工程管理按键![icon]便可进入工程管理界面，在该界面内可以完成工程管理和程序执行管理等操作。

（1）工程管理

单击"项目"按键后进入工程管理界面，该界面显示了当前机器人系统中包含的所有项目文件和程序文件，单击项目前的"+"可以显示所包含的所有程序。单击"文件"按键，弹出文件指令对话框，可对工程或程序进行新建或删除等操作。特别注意的是在同一目录中不能有同名的程序，且程序名不能超过 8 个字符，如图 6-31 所示。

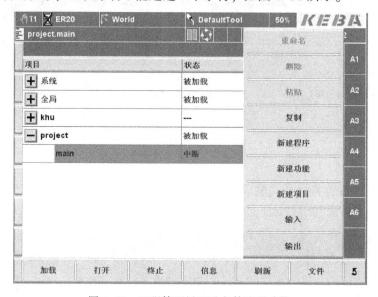

图 6-31　工程管理界面及文件选项功能

项目打开后，可以通过"终止"按键关闭，而程序可以通过"加载"或"打开"按键打开。在加载的情况下，程序可以执行示教、编程和运行等操作，而在打开的情况下，程序只允许编程。在加载的情况下，需单击"终止"按键才能将程序关闭，而在打开的情况下不需要。另外，不同项目的程序不能同时打开，需关闭暂时不用的项目及其下的程序才能打开其他项目及其程序。

"信息"按键用来显示当前选中程序的名称、生成日期和修改日期。"刷新"按键可对项目或程序进行相关的更新。"文件"按键可对项目或程序进行新建、删除、重命名、剪切和复制等操作。

（2）程序执行管理

单击"执行"按键后进入程序执行管理界面，该界面显示正在执行中的项目和程序，具体显示内容为执行程序的类型、状态等，如图 6-32 所示。"显示"按键可以显示选中程序的具体内容，单步/连续设置执行程序的运行为单步或连续。"结束"按键则可关闭当前执行的程序。

4. 程序文件管理

程序文件管理的操作对象主要是用户编写的程序文件，用户可通过程序文件管理界面对程序文件进行相应的操作和备份。在示教器上单击程序文件管理按键![icon]便可进入程序文件

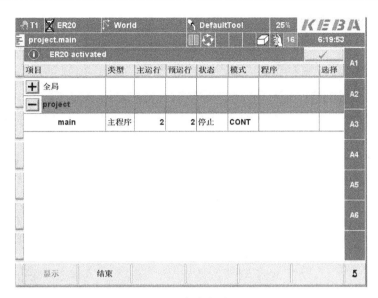

图 6-32　程序执行管理界面

管理界面，在该界面内可以打开被加载程序的编程或者运行界面。在加载的情况下，编辑界面背景为白色，而在打开的情况下，背景则为灰色，如图 6-33 所示。

图 6-33　程序文件管理界面

　　左侧的"编辑"按键用来修改已经生成的指令。"新建"按键用以调用指令库，并生成程序所需指令。"设置 PC"按键将程序指针指向某个光标，并且下一个开始指令从光标处开始，该指令按键只有在程序加载的时候激活。右侧的"编辑"按键包括了选择全部、剪切、复制、粘贴、删除和撤销等功能。"↰"按键为翻页按键。

5. 位置管理

　　在示教器上单击位置管理按键 ↳ 便可进入位置管理界面，在该界面内可以完成位置监控和工具手对齐等操作。在位置监控中可以根据需要选择监控的对象——伺服、关节和世界对象的数据，如图6-34所示。"点动"按键可以在实际操作或编程时改变机器人点动的坐标系，其包含关节坐标系、世界坐标系和工具坐标系三种坐标系。"点动速度"按键可以调节当前机器人点动运动的速度。

图6-34 位置监控界面

工具手对齐操作用来对齐工具手坐标系和工件坐标系在X轴、Y轴和Z轴的方向。可以根据系统提示选择垂直方向对齐还是X轴、Y轴和Z轴三个方向的对齐，然后单击"启动"按键，按下示教器的使能按键，并单击Go旁边的"+"按键，便可对齐工具坐标。

6. 报警报告处理

在示教器上单击报警报告处理按键⚠便可进入报警报告处理界面，在该界面内可以查看报警与报告信息。进入报警或者报告界面后，用户可以查看报警信息或者日志。在界面中可以选择要查看的组，过滤无用的信息。报警界面如图6-35所示，报告界面如图6-36所示。

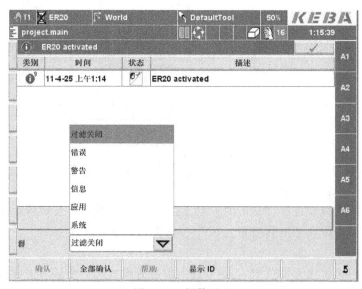

图6-35 报警界面

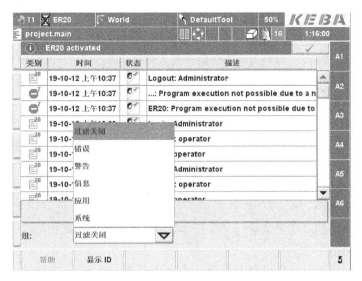

图6-36　报告界面

在对机器人进行手动操作的时候，需要将控制柜权限开关旋转至关的档位，并将示教器档位通过模式开关旋转至手动模式，登录相应的用户类型，选择控制权；然后打开机器人控制柜的伺服开关，按下示教器的使能开关，方可进行手动操作。同时还要注意是否有伺服报警状态及是否需要调节机器人的速度，确认并处理在报警报告处理界面报警信息，通过V+和V-调节机器人的运行速度，单击示教器上的"位置管理"按键，则可以显示手动操作状态。可以通过图6-34的位置监控界面来观察并设置机器人手动操作中用到的坐标值、速度和坐标系等参数。

用户选择坐标系并设定机器人的运行速度后，按"+"和"-"键即可对机器人进行手动操作。手动操作机器人的时候，需要一直按压示教器后面的使能开关才能使机器人动作，该使能开关分为3档，上档、中档和下档。其中上档和下档使机器人处于保护状态，只有处在中档时机器人各关节的抱闸才会打开。

6.2.3　机器人的坐标设定

1. 坐标系的种类

17　坐标系的设定

在HR20-1700-C10机器人系统中设定了4种坐标系，即关节坐标系、直角坐标系（世界坐标系）、工具坐标系和工件坐标系。首次进入位置管理界面，系统默认的坐标系是关节坐标系，可通过下方Jog按键对其进行切换。

在关节坐标系下，机器人各关节可以独立做旋转运动。在位置管理界面中，A1~A6为各轴角度坐标值，A1~A3确定机器人末端在空间中的位置，A4~A6决定机器人末端执行器的姿态。

在直角坐标系下，原点为机器人安装底座中心位置，机器人以直角坐标形式运动，x、y、z、a、b、c为直角坐标系下的坐标值。x、y、z表示机器人工具中心点（Tool Center Point，TCP）相对于直角坐标系原点对应各轴的偏移距离，a、b、c表示TCP在直角坐标系中绕X、Y、Z轴的旋转角度。

机器人出厂时一般不安装工具手爪，第6轴末端法兰中心位置为其默认的工具坐标系原点位置，即TCP点，垂直法兰并远离机器人的方向为Z轴正方向，该坐标系符合右手定则。当机器人安装并使用不同工具手爪时，可通过系统设置修改工具坐标系，以适应实际应用的需要。

工件坐标系在KEBA的使用手册中被称之为参考坐标系，其有3种类型，分别是笛卡尔对象坐标系统（CARTREFSYS）、外部笛卡尔参照系（CARTREFSYSEXT）和运动的笛卡尔对象坐标系统（CARTREFSYSVAR）。笛卡尔对象坐标系统的参数包括参考坐标系的基坐标系baseRefSys和新建工件坐标系的坐标值。基坐标系baseRefSys是新建工件坐标系的参照坐标系，工件坐标系的x、y、z分别是相对于基坐标系的位置偏移量，a、b、c是相对于基坐标系的姿态。其余两种类型的参考坐标系是外部PLC指令通过端口映射赋给机器人控制器的，所以其参数包括基坐标系和映射端口。当建立了工件坐标系后，可以通过设置参考坐标系指令Refsys，为后续运行的位置指令设定一个新的参考坐标系，以简化机器人的程序设计。

2. 工具坐标系的示教

工具坐标指令Tool可以为机器人设置一个新的工具坐标系，并且可以通过该指令修改机器人工具坐标系中心点的位置。设置完工具坐标系后，可以根据实际工作需要切换工具坐标系，以提高工作效率。工具坐标系的设置可以按照如下步骤进行。

1）在机器人的工作范围之内安装（放置）一个固定不动的、末端尖锐的参考物体，该物体的尖锐末端即为工具坐标系示教过程中的固定参考点。

2）在工具上确定一个参考点，最好是工具的末端中心点。

3）采用手动的方法操作机器人，使其工具上的参考点以4种不同的姿态接近或者碰触固定参考点，并记录此时机器人的位置信息。

4）机器人通过这4个位置数据计算出工具坐标系中心点的数据。

在做好工具坐标系示教的准备工作之后，按照如下操作步骤即可完成工具坐标系的示教：

1）先在示教器中加载一个项目（或程序），然后单击变量管理按键**X =**，进入变量监测界面，单击"变量"按键，选择"新建"，在"坐标系统和工具"中选择"TOOL"，输入工具坐标系的名称并单击"确认"按键，然后新建一个坐标系t0，如图6-37所示。

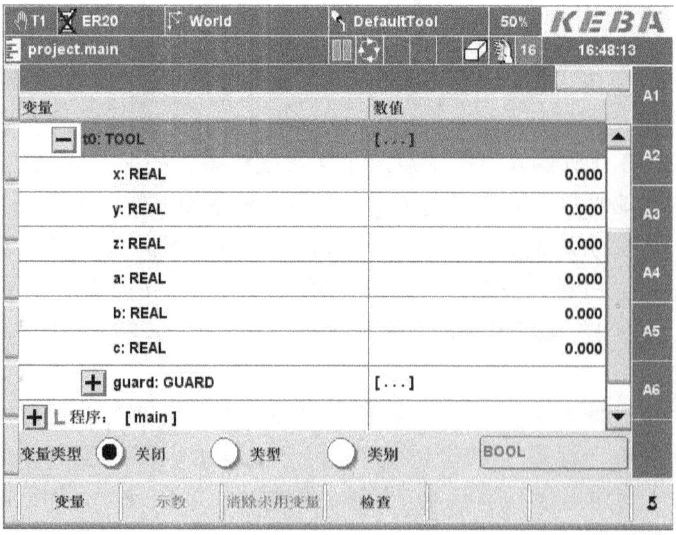

图6-37　新建工具坐标系t0

2）单击变量管理按键**X =** 进入工具手示教界面，在"工具手选择"选项中选择所需示教的工具坐标系，如图 6-38 所示。若新的 TCP 位置已知，可直接输入位置数据，否则需要采用示教的形式对位置数据进行确认，此处采用示教的方法来建立工具坐标系。

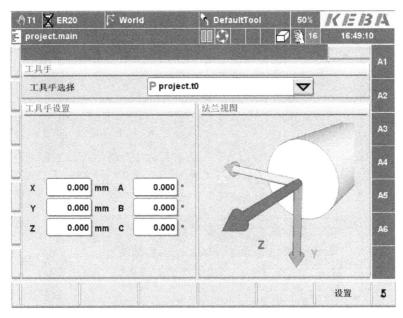

图 6-38 选择工具坐标系 t0

3）单击"设置"按键，选择 4 点示教方法确定 TCP 点位置，如图 6-39 所示。

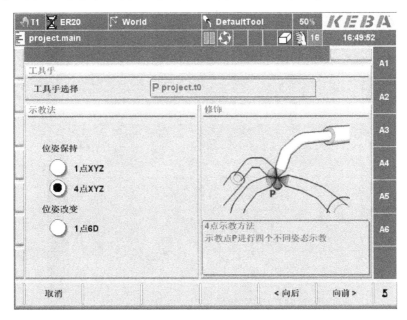

图 6-39 选择 4 点示教方法

4）将机器人的 TCP 末端以 4 种不同的姿态示教到固定参考点处，4 点示教方法步骤如图 6-40~图 6-43 所示。

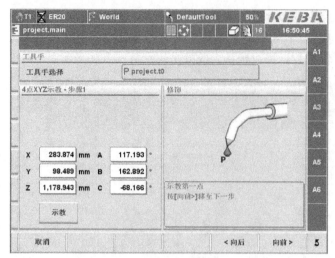

图 6-40　示教工具坐标系的第一个点

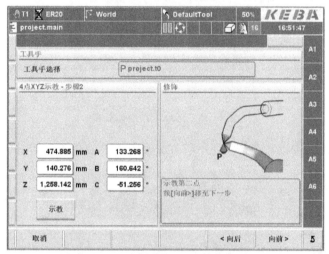

图 6-41　示教工具坐标系的第二个点

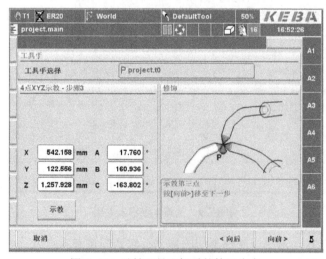

图 6-42　示教工具坐标系的第三个点

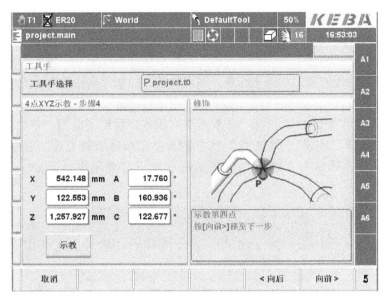

图 6-43 示教工具坐标系的第四个点

5）根据需要选择 1 点 6D 法示教确定 TCP 坐标轴的方向。手动操作机器人，使希望得到工具手的 Z 方向和 X 方向分别对准世界坐标系的某一方向（在下拉列表框中选择）。如果所需方向与世界坐标系对应的方向相反，可选择"倒转"选项。对准方向后，单击"向前"按键，如图 6-44 所示。

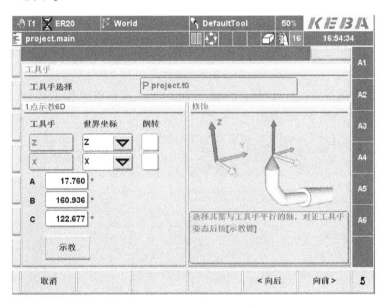

图 6-44 1 点 6D 法示教

示教完之后便得到了 t0 的坐标系，运行 Tool（t0）指令后便可将机器人的工具坐标系更换为 t0。

在工具坐标系的示教操作中，能够熟练手动操作机器人是必备的基本功，但是由于受到操作者操作水平的影响，不同操作者最终示教工具坐标系的精度会有一定的差异。若工具坐标系的精度较差，可以重复上述操作，直至得到精度较高的工具坐标系为止。

3. 工件坐标系的标定

设置参考坐标系指令 Refsys 可以为后续运行的位置指令设定一个新的参考坐标系，即工件坐标系。若程序中没有设定参考坐标系，则系统默认的参考坐标系为世界坐标系。此处以笛卡尔对象坐标系统（CARTREFSYS）为例来介绍工件坐标系的建立方法。

1）单击变量管理按键 **X =**，选择"变量监测"进入变量监测界面。单击"变量"按键，从弹出的菜单中选择"新建"，在变量类型中单击"坐标系统和工具"选项，并从中选择"CARTREFSYS"，然后单击"确认"按键来建立笛卡尔对象坐标系统 crs0，如图 6-45 所示。

图 6-45　新建笛卡尔对象坐标系统 crs0

2）单击变量管理按键 **X =**，选择"对象坐标系"进入对象坐标系界面，并选择新建的对象坐标系 crs0，如图 6-46 所示。

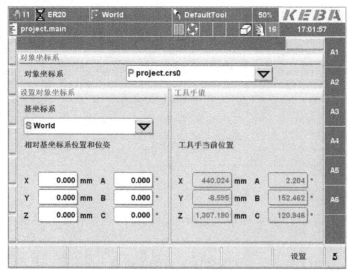

图 6-46　笛卡尔对象坐标系统设置界面

3）单击"设置"按键，进入对象坐标系的设置界面，在该界面可以选择3点法、3点（无原点）法或1点（保持姿势）法对工件坐标系进行示教，此处选择3点法（带原点的示教方法）示教工件坐标系，如图6-47所示。

图6-47 crs0设置方式选择

4）示教工件坐标系原点的坐标，如图6-48所示。

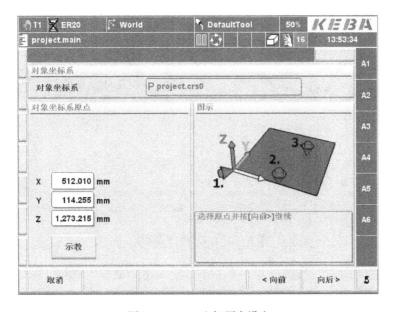

图6-48 crs0坐标原点设定

5）将机器人沿着X轴方向运动，记录下X轴上某点的坐标（该点位于X轴上，但是远离原点），亦可通过复选框选取坐标轴相反方向，如图6-49所示。

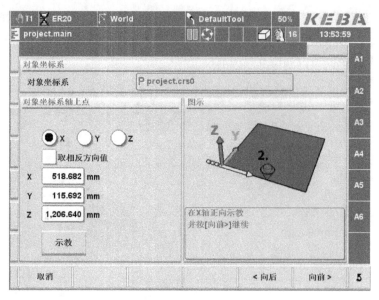

图 6-49　crs0 X 轴方向设定

6）再将机器人沿着 XY 平面运动，记录下 XY 平面上某点的坐标，亦可通过复选框选取该平面相反方向，如图 6-50 所示。

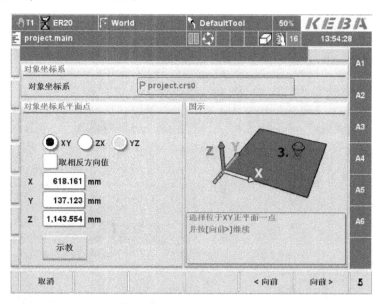

图 6-50　crs0 XY 平面设定

7）最后单击"向前"按键，并在下一个界面单击"确定"按键，坐标系 crs0 便设置完毕，可以正常使用了。

6.3　工业机器人的程序设计

现阶段各种品牌的机器人编程语言并不通用，不同机器人厂家都有自己的编程语言，但各种语言的功能和使用方法都相似，故此掌握一种机器人编程语言后便可以很快地掌握其他的品牌机器人的编程语言。HR20 型工业机器人采用 KEBA 公司的控制器，故此其编程语言为 KEBA 的 KAIRO 语言。

　　KAIRO 编程语言采用模块化程序设计，机器人程序是由一个个项目文件组成的，项目文件包含多个子程序。子程序采用模块化设计，每个子程序完成特定的功能。KAIRO 语言有且只有一个主程序——main，主程序是程序执行的入口，运行时从主程序开始到主程序结束，中间可调用其他程序。KAIRO 语言的程序代码可以由字母、数字和下划线组成，区分大小写；KAIRO 语言保留的标号，用户不能用作其他用途。KEBA 机器人程序由系统文件与程序文件组成，系统文件用来保存机器人运行所需的系统数据，一般不用对其进行修改，用户只需建立程序文件对机器人的运行程序进行设计、编写和调试即可。程序文件由一系列指令与数据组成，用来实现机器人的运动控制、系统设置、系统功能、流程控制以及输入输出等功能。但是在远程控制中，若用 PLC 控制机器人的工作流程，新建程序的文件名必须为 project，主程序名必须为 main，其他子程序可自由命名，如图 6-51 所示。

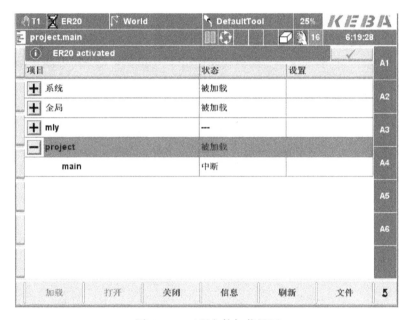

图 6-51　工程文件加载界面

6.3.1　机器人常用指令简介

1. 机器人的指令库

　　在程序文件管理界面单击"新建"按键，弹出指令选择界面，从该界面内可以看到系统所提供的所有可以使用的机器人指令，即为机器人的指令库。其主要包括运动指令、设置指令、系统功能指令、输入输出指令以及一些功能块，如图 6-52 所示。

　　除了上述指令外，应用开发人员可以通过 TeachEdit 等软件将编辑的扩展指令导入系统。特别需要注意的是，收藏夹是一个用于收藏常用指令的文件夹，可以将使用频率较高的指令添加进去，以便于程序的编写。

图 6-52　机器人的指令库界面

工业机器人的指令有很多，但是常用的指令仅有十几条，受篇幅限制，本书仅介绍在机器人工作站中用到的一些常用指令，若用到其他指令，请参考 KEAB 机器人操作手册。

2. 运动控制指令组

（1）点到点运动指令（PTP）

指令格式：PTP（位置变量 pos，[动态参数变量 dyn]，[逼近参数 ovl]）

该指令表示机器人 TCP 将执行点到点的运动（point to point），该指令只记录运动起点与终点，中间轨迹不可预测，执行这条指令时所有的轴会同时插补运动到目标点，使得运动更加高效快速。在程序中新建指令 PTP，确认后弹出窗口如图 6-53 所示。

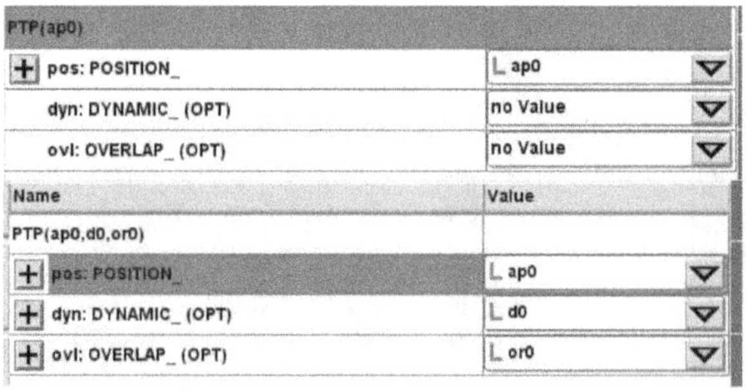

图 6-53　PTP 指令配置界面

在该指令中，共有 3 个参数可以配置，分别是 pos、dyn 和 ovl（其中 dyn 和 ovl 参数是可选的，可以根据实际工艺进行选择）。

1）位置变量 pos 参数表示 TCP 的位置，即执行 PTP 这条指令后，TCP 将运动到 ap0 点，其详细参数设置如图 6-54 所示。ap0 由 6 个数据组成，a1～a6 代表机器人 6 个轴的位置变量，REAL 表示每个轴的数据类型为实型，其单位为度。位置变量的值既可以通过示教获得，也可以通过直接输入或赋值指令获得，若无特殊要求，建议采用示教的方法获取位置变量的数据。在采用示教方法获取位置变量的数据时，需要先添加一个目标点的变量（如

ap0），然后手动操作将机器人移动至目标点的实际位置，并调整好其姿态，单击"示教"按键记录该点的位置，最后单击"确认"按键即可完成该点的示教操作。

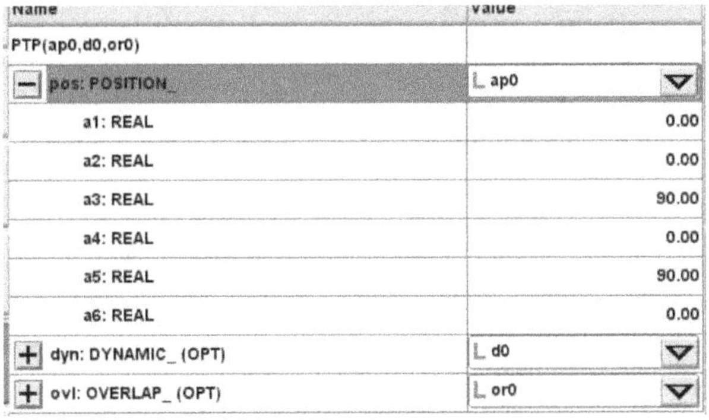

图6-54 PTP指令的pos参数设置界面

2）动态参数变量dyn表示执行指令过程中机器人的动态参数，主要用于控制机器人的运动速度，包括12个参数，如图6-55所示。

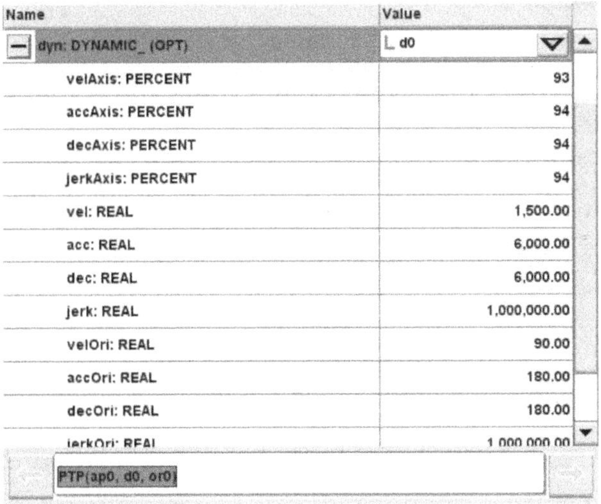

图6-55 dyn参数设置界面

velAxis、accAxis、decAxis和jerkAxis参数分别表示在自动运行模式下运动时轴的速度、加速度、减速度和加加速度，这些参数的值是一个相对于最大值的百分比；vel、acc、dec和jerk参数分别表示在自动运行模式下运动时TCP的速度、加速度、减速度和加加速度；velOri、accOri、decOri和jerkOri参数分别表示在自动运行模式下运动时TCP姿态变化的速度、加速度、减速度和加加速度。

3）逼近参数ovl表示机器人运动时接近目标点的程度，即逼近目标点的程度。如果不设置逼近参数，机器人的TCP会精确地到达目标点并停顿一下；如果设置了逼近参数，则机器人的TCP在距目标点一定距离时，其运动轨迹按照圆弧的形式进行过渡，使其运动路径更加平滑、运动更加流畅。常用的有3种类型的逼近参数，分别是OVLABS、OVLREL与OVLSUPPOS。

OVLABS 表示绝对逼近参数，定义了机器人运动逼近可以允许的最大偏差，如图 6-56 所示。

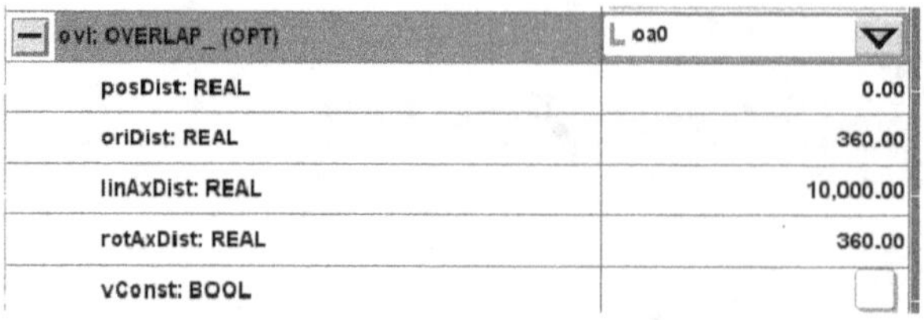

图 6-56　ovl 参数设置界面

posDist 参数表示 TCP 的位置距离目标位置的最大值，即当 TCP 距离目标位置的值等于 posDist 时，机器人轨迹开始动态逼近。

oriDist 参数表示 TCP 的姿态距离目标位置的姿态的最大值，即当 TCP 的姿态与目标位置的姿态相差的大小等于 oriDist 时，机器人轨迹开始动态逼近。

linAxDist 参数与 rotAxDist 参数表示的是附加轴的动态逼近参数。

vConst 参数是速度常量选项，选择后当逼近目标点时速度为常量，不选择时机器人在逼近的过程中有减速与加速过程。

OVLREL 表示相对逼近参数，定义了机器人运动逼近的百分比，其值范围是 0～200，当等于 0 的时候，相当于没有使用逼近参数。相对逼近参数值越大，其过渡效果就会越明显，具体数值根据工艺需求而定，默认值是 100。

OVLSUPPOS 逼近参数的值是百分比，值范围是 0～200，默认值为 200。

添加 PTP 指令后，可以通过手动操作将机器人移动至目标点，先单击"示教"按键然后单击"确认"按键，即可添加一个示教点。

（2）线性运动指令（Lin）

指令格式：Lin(位置变量 pos,[动态参数变量 dyn],[逼近参数 ovl])

Lin 指令为线性运动指令，通过该指令可以使机器人的 TCP 以直线移动到目标位置。假如直线运动的起点与目标点的 TCP 姿态不同，那么 TCP 从起点位置做直线运动到目标位置的同时，其姿态会通过姿态连续插补的方式从起点姿态过渡到目标点的姿态。

位置变量 pos 参数是 TCP 在空间坐标系中的位置，即在执行 Lin 这条指令之后，TCP 会运动到 cp0 点，其参数构成如图 6-57 所示。其中 x、y、z 分别表示 TCP 在参考坐标系中 3 个轴上的位置，a、b、c 表示 TCP 在 3 个轴上的姿态分量，mode 表示机器人在运行过程中的插补模式，在指令执行过程中，轨迹姿态插补模式不能更改。

另外两个参数动态与动态逼近参数与 PTP 中的相同，此处不再重复。

（3）等待完成指令（WaitIsFinished）

指令格式：WaitIsFinished()

该指令用于同步机器人的运动以及程序的执行。因为在程序当中，有的是多线程多任务，有的标志位高，无法控制一些指令运行的先后进程。使用该指令便可以控制进程的先后顺序，使一些进程在指定等待参数之前被中断，直到该参数被激活后，进程再继续执行。

3. 运动状态设置指令组——工具坐标系指令（Tool）

指令格式：Tool(工具坐标系名称)

pos: POSITION_	cp0	
x: REAL	169.97	
y: REAL	-229.88	
z: REAL	930.00	
a: REAL	121.64	
b: REAL	180.00	
c: REAL	-58.36	
mode: DINT	1	

图 6-57　Lin 指令的 pos 参数设置界面

该指令用于配置机器人的工具坐标系，执行该指令后，机器人以设定的工具坐标系运动直到工具坐标系再次被修改为止。

4. 系统功能指令组

（1）赋值指令（:=）

指令格式：变量 1:=变量 2（或表达式）

:=为赋值指令，用来给某变量赋值，左侧为被赋值变量，右侧为变量或者表达式。表达式的类型必须符合变量的数据类型。

（2）注释（//）

指令格式：// 注释语句

//后用于说明程序或者指令的用途及功能，增加程序的可读性。

（3）设置机器人等待时间（WaitTime）

指令格式：WaitTime（等待时间）

用于设置机器人的等待时间，时间单位为 ms。假如设置等待 1s，则其命令为 WaitTime（1000）。

5. 流程控制指令组

（1）子程序调用指令（CALL）

指令格式：CALL 子程序文件名（）

子程序调用指令能够调用其他程序作为子程序，不同程序模块之间的程序数据、例行程序、中断程序和功能程序也可以互相调用，当子程序指令执行结束后自动跳回调用程序。

（2）等待指令（WAIT）

指令格式：WAIT（表达式）

当 WAIT 指令紧跟的表达式值为 TRUE 时，下一条指令就会执行，否则的话，程序一直等待，直到表达式为 TRUE 为止。

（3）分支结构指令（IF…THEN…END_IF,ELSIF…THEN,ELSE）

指令格式：IF 表达式 1 THEN
　　　语句 1
　　ELSEIF 表达式 2 THEN
　　　语句 2
　　ELSEIF 表达式 3 THEN
　　　语句 3
　　…

ELSE 语句 n

END_IF

IF 指令用于条件跳转控制，与 C 语言中的 IF 语句类似。IF 条件判断表达式必须是 BOOL 类型，每一个 IF 指令必须以关键字 END_IF 作为条件控制结束。

（4）满足条件循环执行指令（WHILE…DO…END_WHILE）

指令格式：WHILE 表达式 DO

　　　　　语句

　　　　END_WHILE

WHILE 指令在满足条件的时候循环执行子语句，循环控制表达式必须是 BOOL 类型，该指令必须以关键字 END_WHILE 作为循环控制结束。

6. 输入输出指令组

（1）等待输入口被置位（DIN.Wait）

指令格式：数字量输入变量名 . Wait（逻辑值）

在执行 DIN.Wait 指令后，等待直到数字输入端口被设置或重置，或者直到可选的时间终止。

（2）数字量输出置位指令（DOUT.Set）

指令格式：数字量输出变量名 . Set（逻辑值）

DOUT.Set 指令用于对数字输出端口进行设置，设置输出为 TRUE 或 FLASE。

6.3.2　机器人的程序设计

19　程序设计

机器人编程语言具有完善的语法和丰富的指令，因此可以通过离线或者在线的方法编写机器人的驱动程序，驱动机器人完成各个关节的协调运动、采集机器人工作站的信号、驱动机器人工作站的外围设备以及完成与上位机的通信等功能。此处通过一个机器人取放工件和托盘的实例来学习机器人程序设计的步骤。

在托盘生产线的①工位（工位的位置参考图 4-4）放置了一个托盘，并在该托盘的中心处放置了一个工件，工件的中心与托盘的中心重合；在工件盒生产线的⑧工位处放置了一个空的工件盒。机器人从等待位置开始运行，采用单吸盘将托盘上的工件吸起，放置到工件盒的第 4 个格子中（格子的位置参考图 5-5）；然后机器人通过双吸盘将空托盘吸起，并放入托盘收集处；最后，机器人回到等待位置，准备执行下次工作。

首先对上述任务进行分析，明确任务的要求；然后设计机器人的运动轨迹并确定轨迹中的关键点位，最后便可以编写并调试程序，其详细流程如图 6-58 所示。

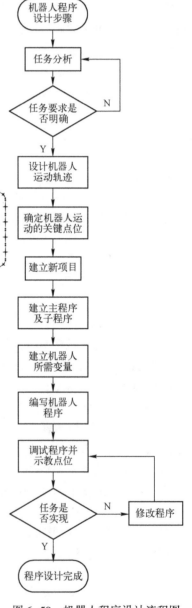

图 6-58　机器人程序设计流程图

该任务程序分为三部分，即主程序 main、取放托盘的子程序 TP 和取放工件的子程序 XQGJ，并且通过主程序 main 调用这两个子程序。

取放托盘的子程序 TP 的参考代码如下所示。

```
Tool(t2)                    //将机器人工具切换为双吸盘工具
WaitIsFinished()            //等待工具切换完毕
Lin(cp10)                   //机器人运动到托盘上方等待位置
Lin(cp11,vel200)            //机器人以 200 mm/s 的速度运动到托盘吸取位置
WaitIsFinished()            //等待机器人运动到位
dout24.Set(TRUE)            //双吸盘的电磁阀得电,吸取托盘
WaitTime(1000)              //等待 1 s
WaitIsFinished()
Lin(cp10)
Lin(cp12)                   //机器人运动到托盘收集处上方等待位置
Lin(cp13,vel200)            //机器人运动到托盘收集处释放托盘的位置
WaitIsFinished()
dout24.Set(FALSE)           //双吸盘的电磁阀断电,释放托盘
WaitTime(1000)
WaitIsFinished()
Lin(cp12)
PTP(yd)                     //机器人回到原点
>>>EOF<<<                   //程序结束,系统自动生成的结束标识
```

取放工件的子程序 XQGJ 的参考代码如下所示。

```
Tool(t3)                    //单吸盘工具
WaitIsFinished()
Lin(ap1)                    //机器人运动到工件上方等待位置
Lin(ap2,vel200)             //机器人运动到吸取工件处
WaitIsFinished()
dout25.Set(TRUE)            //单吸盘的电磁阀得电,吸取工件
WaitTime(1000)
WaitIsFinished()
Lin(ap1)
PTP(ap3)                    //机器人运动到工件盒上方等待位置
Lin(ap4)                    //机器人运动到工件盒内放置工件的位置
WaitIsFinished()
dout25.Set(FALSE)           //单吸盘的电磁阀断电,释放工件
WaitTime(1000)
WaitIsFinished()
PTP(ap3)
PTP(yd)                     //机器人回到原点
>>>EOF<<<
```

主程序 main 的参考代码如下所示：

```
CALL XQGJ( )          //调用取放工件的子程序 XQGJ
CALL TP( )            //调用取放托盘的子程序 TP
>>>EOF<<<
```

6.4 工业机器人与 PLC 通信

在机器人工作站中，PLC 通过 Modbus TCP 通信与机器人交互数据。在机器人的存储器中设置一些共用的存储空间，让通信双方都可以对其进行访问。但是 PLC 和机器人对同一个存储空间进行访问的时候，其访问的级别是不一样的——PLC 能够进行写操作的存储空间，机器人只能以只读的方式访问；反之，机器人能够进行写操作的存储空间，PLC 也只能以只读的方式访问。这样避免了 PLC 和机器人同时对同一存储空间进行写操作，造成数据冲突。

在 Modbus TCP 通信的硬件实现部分，通信双方仅需要通过一根网线（或无线网络）便可以进行数据传递。在 Modbus TCP 通信的软件实现方面，Modbus TCP 通信分为两部分——服务器（server）和客户端（client），其分别位于机器人和 PLC，因此 Modbus TCP 通信的驱动程序需要从机器人和 PLC 两方面进行设计，下面以一个 PLC 控制机器人运动的实例来学习 Modbus TCP 通信的使用方法。PLC 控制机器人运动的实例要求为：PLC 通过 Modbus TCP 通信给机器人的公共存储空间发送命令 85 来启动机器人运动；机器人接到控制指令后，从待机位置运动到 a 点，然后再运动到 b 点；机器人运动完成后，向公共存储空间发送命令 170，通知 PLC 本次工作结束。

6.4.1 机器人 Modbus TCP 通信

在机器人中进行 Modbus TCP 通信设计的时候，需要先通过 KeStudio 软件对机器人控制器进行配置，然后才可以使用相应的功能（该部分内容请参考 KEBA 随机的资料，此处不再详述）。在本书所使用的机器人工作站中，机器人控制器的 Modbus TCP 功能在出厂的时候已经配置好了，故此可以直接使用。

在本书所使用的机器人工作站中，机器人在 Modbus TCP 通信中是作为服务器（Server）使用的，并且为 Modbus TCP 通信提供公共的存储空间。在设计机器人的 Modbus TCP 通信程序的时候，需先建立一个名字为 "Project" 的项目，再在该项目中建立一个名字为 "main" 的主程序，并且加载该程序；然后单击变量管理按键 **X =**，进入变量监测界面，单击 "变量" 按键，选择 "新建"，在 "输入输出模块" 中选择 "IIN"，为 Modbus TCP 通信建立一个整型的输入（IIN）变量 sr，并在变量的 "port：MAPTO DINT" 选项中为其分配数字输入通道 1，如图 6-59～图 6-61 所示。

采用同样的方法，为 Modbus TCP 通信建立一个整型的输出（IOUT）变量 sc，并为变量分配数字输出通道 1，如图 6-62 所示。

图 6-59　新建 IIN 型输入输出模块变量 sr

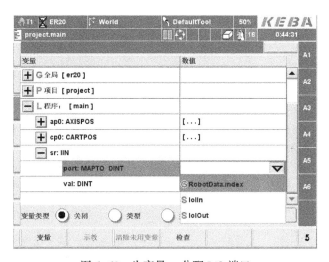

图 6-60　为变量 sr 分配 I/O 端口

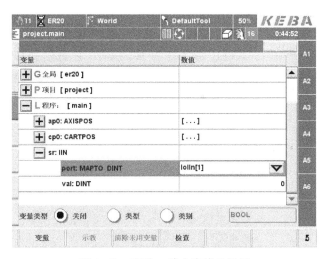

图 6-61　变量 sr 建立完毕的效果

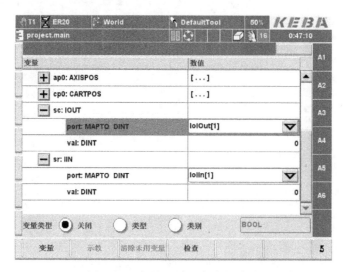

图 6-62　变量 sc 建立完毕的效果

最后在 main 程序中撰写程序代码，其参考代码如下所示。

```
IF sr.val = 85 THEN        //读取 Modbus 输入变量 sr 的值,判断其是否为 85
                          //若其为 85 执行下面的程序,否则无动作
    PTP(a)                //通过机器人运动展示其是否通信成功
    PTP(b)
    WaitIsFinished()      //等待机器人运动完成
    sc.val := 170         //机器人运动完成后,将 Modbus 输出变量 sc 的值赋为 170
END_IF
>>>EOF<<<
```

6.4.2　西门子 PLC Modbus TCP 通信

21　工业机器人与 PLC 的通信（下）

　　西门子的 S7-1215C PLC 已经集成了 Modbus TCP 通信指令，分别为用作服务器的 MB_SERVER 指令和用作客户端的 MB_CLIENT 指令。MB_SERVER 指令作为 Modbus TCP 通信服务器，通过 S7-1215C PLC 的 PROFINET 连接进行通信。使用该指令，无需其他任何硬件模块。该指令将处理 Modbus TCP 客户端的连接请求、接收 Modbus 功能的请求并发送响应，指令结构如图 6-63 所示。

```
                "MB_SERVER_DB"
              ┌─────────────────┐
              │    MB_SERVER    │
            ──│ EN          ENO │──
            ──│ DISCONNECT  NDR │─┤
            ──│ CONNECT_ID   DR │─┤
            ──│ IP_PORT   ERROR │─┤
            ──│ MB_HOLD_REG STATUS│
              └─────────────────┘
```

图 6-63　MB_SERVER 指令

EN 参数是使能输入，要执行该指令，能流（EN = 1）必须出现在此输入端。如果 EN 输入直接连接到左侧电源线，将始终执行该指令。

ENO 参数是使能输出，如果在 EN 参数输入端有能流且正确执行了其功能，则 ENO 输出会将能流（ENO = 1）传递到下一个元素。如果执行功能框指令时检测到错误，则在产生该错误的功能框指令处终止该能流（ENO = 0）。

DISCONNECT 参数用于 MB_SERVER 指令建立与一个伙伴模块的被动连接，即服务器会对来自每个请求 IP 地址的 TCP 连接请求进行响应。接受一个连接请求后，可以使用该参数进行控制：当其参数值为 0 时，在无通信连接时建立被动连接；当其参数值为 1 时，终止连接初始化，如果已置位该输入，那么不会执行其他操作。成功终止连接后，状态参数 STATUS 将输出值 7003。

CONNECT_ID 参数将唯一确定 CPU 中的连接。MB_SERVER 指令和 MB_CLIENT 指令的每个单独实例都必须有一个唯一的 CONNECT_ID 参数。

IP_PORT 参数用于定义 Modbus TCP 客户端连接请求中要监视的 IP 端口，初始值为 502。另外端口号为 20、21、25、80、102、123、5001、34962、34963 和 34964 的端口，不能用于 MB_SERVER 指令的被动连接。

MB_HOLD_REG 参数是一个指向 MB_SERVER 指令中 Modbus 保持寄存器的指针。将具有标准访问权限的全局数据块用作保持寄存器。保持寄存器包含 Modbus TCP 客户端可通过 Modbus 功能 3（读取）、6（写入）和 16（读取）访问的值。

NDR 参数全称是新数准备（New Data Ready），其值为 0 时，MB_SERVER 无新数据输入；其值为 1 时，MB_SERVER 从 Modbus TCP 客户端写入了新数据。

DR 参数全称是读数据（Data Read），其值为 0 时，MB_SERVER 没有从 Modbus TCP 客户端读取数据；其值为 1 时，MB_SERVER 从 Modbus TCP 客户端读取了数据。

ERROR 参数用于指示 Modbus TCP 通信是否出错，如果在调用 MB_SERVER 指令过程中出错，则将其置为 TRUE，反之则为 FALSE。

STATUS 参数用于指示 MB_SERVER 指令执行后的状态参数，其包括常规状态信息和错误代码两种情况。最为常用的是错误代码，用户可以根据错误代码的提示来调试程序。错误代码见表 6-3。

表 6-3　Modbus TCP 通信错误代码表

序号	错误代码	响应 Modbus 服务器的代码	说　明
1	8187	无响应	参数 MB_HOLD_REG 中的指针无效。数据区过小
2	818C	无响应	1. MB_HOLD_REG 参数引用一个已优化的数据块。既可以使用一个具有标准访问权限的数据块，也可以使用一个存储器。2. 因执行超时出错（超过 55 s）
3	8381	01	不支持功能代码
4	8382	03	数据长度错误
5	8383	02	数据地址错误或访问了保持寄存器（MB_HOLD_REG 参数）地址以外的区域
6	8384	03	数据值错误
7	8385	03	不支持诊断代码值（仅限于功能代码 08）

　　MB_CLIENT 指令作为 Modbus TCP 客户端，通过 S7-1215C CPU 的 PROFINET 连接进行通信。使用该指令，无需其他任何硬件模块。通过 MB_CLIENT 指令，可以在客户端和服务器之间建立连接、发送请求、接收响应并控制 Modbus TCP 服务器的连接终端，指令结构如图 6-64 所示。

　　REQ 参数用于 MB_CLIENT 指令与 Modbus TCP 服务器之间的通信请求。REQ 参数受等级控制，只要设置了输入（REQ=true），指令就会发送通信请求，同时其他客户端背景数据块的通信请求被阻止，而且在服务器进行响应或输出错误消息之前，对输入参数的更改不会生效。如果在请求期间再次设置了参数 REQ，此后将不会进行任何其他传输。

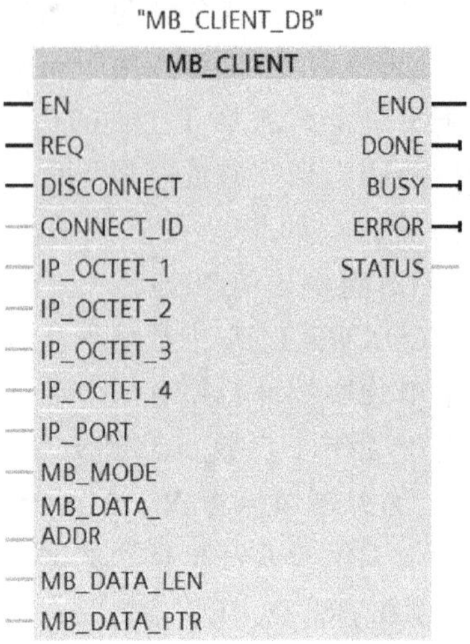

　　DISCONNECT 参数用于 MB_CLIENT 指令与 Modbus TCP 服务器建立或终止连接。当其参数值为 0 时，建立与指定 IP 地址和端口号的通信连接；当其参数值为 1 时，断开通信连接。在终止连接的过程中，不执行其他功能。成功终止连接后，状态参数 STATUS 将输出值 7003。而如果在建立连接的过程中设置了参数 REQ，将立即发送请求。

```
           "MB_CLIENT_DB"
             MB_CLIENT
— EN                  ENO —
— REQ                DONE —
— DISCONNECT         BUSY —
— CONNECT_ID        ERROR —
— IP_OCTET_1       STATUS —
— IP_OCTET_2
— IP_OCTET_3
— IP_OCTET_4
— IP_PORT
— MB_MODE
— MB_DATA_
  ADDR
— MB_DATA_LEN
— MB_DATA_PTR
```

图 6-64　MB_CLIEN 指令

　　CONNECT_ID 参数与 MB_SERVER 中的功能相同。

　　IP_OCTET_1~IP_OCTET_4 参数是 Modbus TCP 服务器 IP 地址中的 4 个八位字节，如 192.168.8.1。

　　IP_PORT 参数是服务器上使用 TCP/IP 与客户端建立连接和通信的 IP 端口号（默认值为 502）。

　　MB_MODE 参数是 MB_CLIENT 指令选择请求模式（读取、写入或诊断）。

　　MB_DATA_ADDR 参数是 MB_CLIENT 指令所访问数据的起始地址。MB_MODE 参数、Modbus 功能和地址空间之间的关系见表 6-4。

表 6-4　MB_MODE、Modbus 功能和地址关系表

序号	MB_MODE	Modbus 功能	数据长度	功能和数据类型	MB_DATA_ADDR
1	0	01	1~2000	读取输出位：每次读取 1~2000 位	1~9999
2	0	02	1~2000	读取输入位：每次读取 1~2000 位	10001~19999
3	0	03	1~125	读取保持寄存器：每次读取 1~125 个字	40001~49999
4	0	04	1~125	读取输入字：每次读取 1~125 个字	30001~39999
5	1	05	1	写入输出位：每次写 1 位	1~9999
6	1	06	1	写入保持寄存器：每次写 1 个字	40001~49999
7	1	15	2~1968	写入多个输出位：每次写 2~1968 位	1~9999
8	1	16	2~123	写入多个保持寄存器：每次写 2~123 个字	40001~49999
9	2	15	1~1968	写入一个或多个输出位：每次写 1~1968 位	1~9999
10	2	16	1~123	写入一个或多个保持寄存器：每次写 1~123 个字	40001~49999

（续）

序号	MB_MODE	Modbus 功能	数据长度	功能和数据类型	MB_DATA_ADDR
11	11	11	0	读取服务器通信的状态字和事件计数器 1. 状态字反映了处理的状态（0：未处理，0xFFFF：正在处理） 2. 每次成功发送一条消息时，事件计数器都将递增 在执行该功能时，将不计算 MB_CLIENT 指令的 MB_DATA_ADDR 和 MB_DATA_LEN 参数	—
12	80	08	1	通过错误代码 0x0000 检查服务器状态（返回循环测试-服务器发回请求）：每个调用 1 个字	—
13	81	08	1	通过错误代码 0x000A 复位服务器的事件计数器：每个调用 1 个字	—
14	3~10 12~79 82~255	—	—	预留	—

DATA_LEN 参数是 MB_CLIENT 指令访问的数据长度（位数或字数），如表 6-4 的数据长度所示。

MB_DATA_PTR 参数是一个指向数据缓冲区的指针，该缓冲区用于存储从 Modbus TCP 服务器读取或写入 Modbus TCP 服务器的数据。作为数据缓冲区，可以使用全局数据块或存储区域（M）。对于存储区域（M）中的缓冲区，可通过以下方式使用 ANY 格式的指针："P#位地址""数据类型""长度"（例如：P#M1000.0 WORD 500）。通过 MB_DATA_PTR 还可以访问复杂的 DB 元素。其余参数与其他指令中的相同参数的功能类似，此处不再赘述。

下面通过完成本节所设计的实例来加深对 Modbus TCP 通信指令 MB_CLIENT 指令的理解（此处没有用到 MB_SERVER 指令）。

打开 TIA 博途软件，按照第 2 章和第 3 章的步骤建立项目，添加并组态 S7-1215C PLC，并且对系统和时钟存储器进行配置，启用时钟存储器字节，如图 6-65 所示。

图 6-65　配置时钟存储器

在 PLC 中建立变量表，该变量表包括错误代码 1 与 2、机器人启动、机器人停止、启动按键和停止按键等变量，分别用来记录 Modbus TCP 通信的读写操作中的错误信息、机器人的启动信号 Q4.0 和停止信号 Q4.1 的驱动（参考图 4-12）、机器人的启动和停止控制，其信号分配如图 6-66 所示。

		名称	数据类型	地址	保持	在 H…	可从 …	注释
1		错误代码1	Word	%MW20		☑	☑	
2		错误代码2	Word	%MW22		☑	☑	
3		机器人启动	Bool	%Q4.0		☑	☑	
4		机器人停止	Bool	%Q4.1		☑	☑	
5		启动按键	Bool	%M30.0		☑	☑	
6		停止按键	Bool	%M30.1		☑	☑	

图 6-66　通信变量表

另外还需要为 Modbus TCP 通信建立一个数据块（DB2），用来存储接收和将要发送的指令和数据，如图 6-67 所示。其中，写命令用于向机器人发送控制字，读反馈用于读取机器人的反馈数据。另外还需要对数据块的属性进行设置，取消选择其"优化的块访问"功能，防止程序在移植的时候地址发生变化或者冲突，数据块属性设置如图 6-68 所示。

		名称	数据类型	偏移量	启动值	保持性	可从 HMI …	在 HMI …	设置值	注释
1		▼ Static								
2		写命令	Int	0.0	0		☑	☑		
3		读反馈	Int	2.0	0		☑	☑		

图 6-67　建立通信数据块

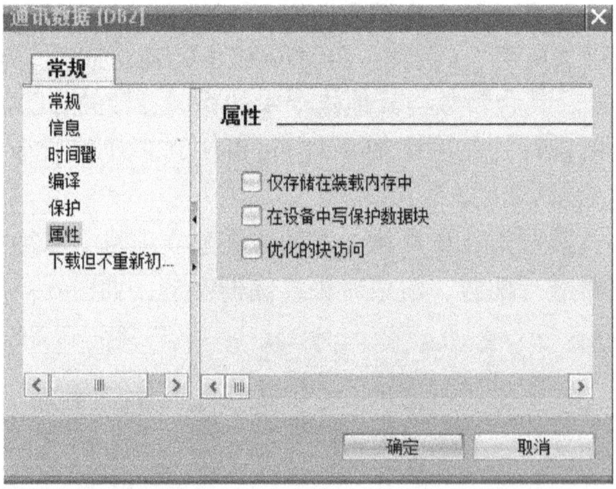

图 6-68　取消通信数据块的优化访问

当上述准备工作做好之后，便可以编写 Modbus 的驱动程序了。首先编写机器人的启动驱动程序，按下"启动"按键后 Q4.0 得电，使得中间继电器 KA1 工作，从而使得机器人使能信号打开，机器人可以运动；按下"停止"按键后 Q4.1 得电，使得中间继电器 KA2 工作，从而使得机器人使能信号关闭，机器人停止运动（电路请参考图 4-12），其驱动程序如图 6-69 所示。

当机器人启动后，PLC 给机器人发控制字 85，控制机器人的程序开始运行，这里采用 MB_CLIENT 指令来实现，如图 6-70 所示。在该指令中，通信请求信号 REQ 的控制输入信号是由 MB_CLIENT 指令的状态信号 BUSY 和 DONE 的常闭触点组成的串联控制逻辑以及该指令 ERROR 信号的常开触点和频率为 10 Hz 的脉冲信号组成的串联控制逻辑并联而成。该指令的其余参数请参考上文有关 MB_CLIENT 指令介绍部分的内容，此处不再赘述。

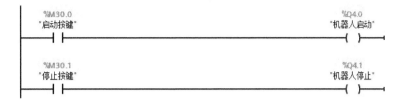

图 6-69　机器人的启动驱动程序

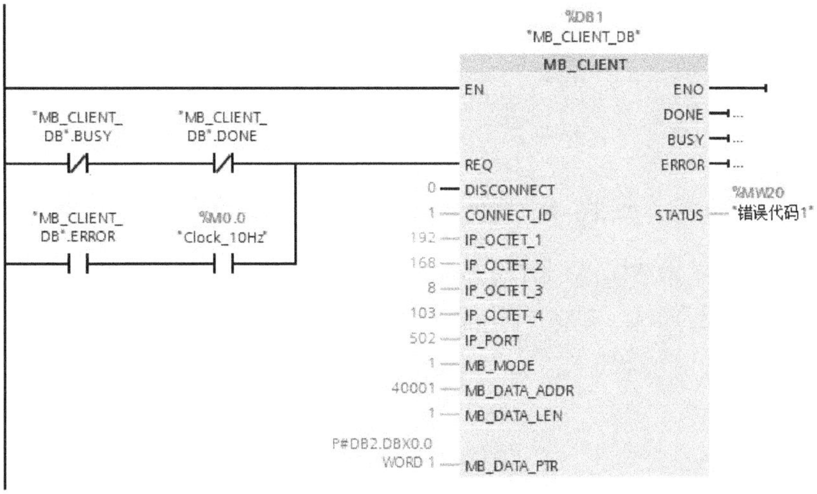

图 6-70　PLC 发控制字给机器人

当机器人的程序执行完毕后，将发送状态字 170 到 PLC，PLC 将读取该状态字，并根据需要作出相应的处理，其程序如图 6-71 所示。在该程序中，REQ 参数的触发信号为图 6-70 中程序的执行完成信号，其余的参数配置与上述配置相似，此处不再赘述。

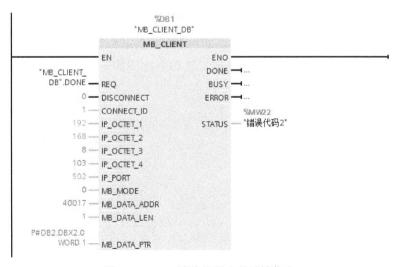

图 6-71　PLC 读取机器人的反馈信息

PLC 与机器人的 Modbus TCP 通信程序编写完成后，还需要对 MB_CLIENT 指令的数据块中的 MB_UNIT_ID 参数进行配置，使其与图 6-70 和 6-71 中的 CONNECT_ID 参数相同，否则该通信将无法实现，其配置结果如图 6-72 所示。

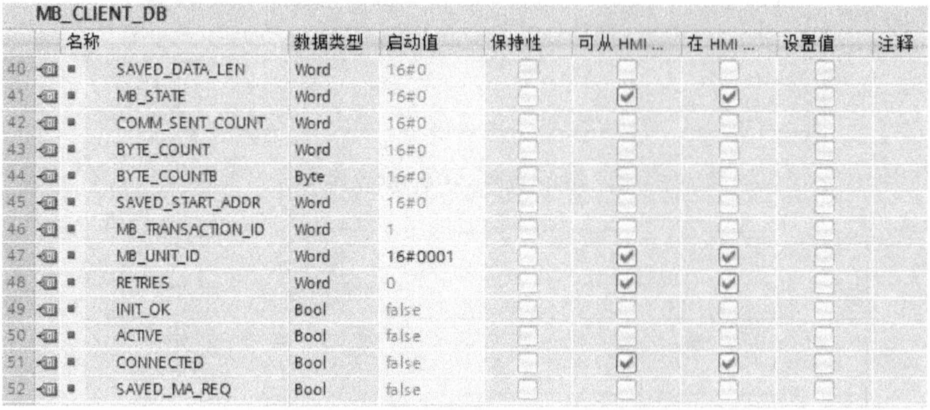

		名称	数据类型	启动值	保持性	可从 HMI …	在 HMI …	设置值	注释
		MB_CLIENT_DB							
40		SAVED_DATA_LEN	Word	16#0	☐	☐	☐	☐	
41		MB_STATE	Word	16#0	☐	☑	☑	☐	
42		COMM_SENT_COUNT	Word	16#0	☐	☐	☐	☐	
43		BYTE_COUNT	Word	16#0	☐	☐	☐	☐	
44		BYTE_COUNTB	Byte	16#0	☐	☐	☐	☐	
45		SAVED_START_ADDR	Word	16#0	☐	☐	☐	☐	
46		MB_TRANSACTION_ID	Word	1	☐	☐	☐	☐	
47		MB_UNIT_ID	Word	16#0001	☐	☑	☑	☐	
48		RETRIES	Word	0	☐	☑	☑	☐	
49		INIT_OK	Bool	false	☐	☐	☐	☐	
50		ACTIVE	Bool	false	☐	☐	☐	☐	
51		CONNECTED	Bool	false	☐	☑	☑	☐	
52		SAVED_MA_REQ	Bool	false	☐	☐	☐	☐	

图 6-72　配置 MB_CLIENT 指令的 ID 号

到此为止便完成了本节所提出的 PLC 与机器人的 Modbus TCP 通信实例，将 PLC 与机器人部分的程序分别进行调试，并将 PLC 部分的程序下载并运行，便可以看到所设计的实例的结果。

思考与练习

1. 简答题

（1）工业机器人一般由哪些部分组成？

（2）工业机器人的机械结构与控制系统一般由哪些部分组成？

（3）请对机器人的开机步骤进行描述。

（4）简述如何建立工具坐标与工件坐标。

（5）简述机器人程序设计的流程。

2. 实操题

编写一个机器人搬运程序，并建立机器人与 PLC 之间的通信，通过 PLC 控制机器人指令运行。

第7章

视觉识别系统及应用

学习目标：

1. 了解机器人视觉系统组成和功能。
2. 掌握机器人视觉系统的标定、检测工件以及与 PLC 通信。

视觉检测技术已经在工业生产中得到了广泛的应用，对提高生产过程的自动化、智能化水平做出了不可磨灭的贡献。机器人工作站采用视觉识别系统去检测工件，并为机器人提供工件的位置信息，使得整个工作站更加智能化。本章将系统地学习视觉识别系统的结构、使用方法及开发的流程。

7.1 机器人视觉概述

视觉的基本要素是图像，所谓"图"是物体投射或反射光的分布，"像"是人的视觉系统对图的接受在大脑中形成的印象或反映。因此，图像是客观和主观的结合，是客观对象的一种相似性、生动性的描述或写真，是人类社会中最主要的信息源，或者说图像是客观对象的一种表示，它包含了被描述对象的所有信息。

视觉是建立在图像处理的基础上，通过视觉系统的外周感觉器官（眼）接受外界环境中一定波长范围内的电磁波刺激，经中枢有关部分进行编码加工和分析后获得的主观感觉。据统计，一个人获得的信息大约有 75% 来自视觉。

计算机视觉是指用摄影机和计算机代替人眼对目标进行识别、跟踪和测量等，并进一步做图形处理，处理成为更适合人眼观察或传送给仪器检测的图像。

机器视觉系统是指通过图像摄取装置将被摄取的目标转换成图像信号，传送给专用的图像处理系统，根据像素分布和宽度、颜色等信息，转换成数字信号，图像系统对这些信号进行各种运算，抽取目标的特征，进而根据判别的结果来控制现场的设备动作。机器视觉的主要研究目标是使计算机具有通过二维图像认知三维环境信息的能力，能够感知与处理三维环境中物体的形状、位置、姿态和运动等几何信息。

机器人视觉是把机器人技术与视觉技术相融合，把视觉信息作为输入，对这些信息进行处理，提取出有用的信息给机器人，作为机器人工作的控制或反馈信号。

机器人视觉的应用领域有以下几方面：

1）为机器人的动作控制提供视觉反馈。其功能为识别工件，确定工件的位置和方向以及为机器人的运动轨迹的自适应控制提供视觉反馈。需要应用机器人视觉的操作包括从传送带或送料箱中选取工件、制造过程中对工件或工具的管理和控制，例如，使用焊枪沿边缘或其特定的预定路径移动以及有感知反馈的装配操作等。

2）移动式机器人的视觉导航。这时机器人视觉的功能是利用视觉信息跟踪路径、检测障碍物以及识别路标或环境，以确定机器人所在方位。

3）代替或帮助人工对质量控制、安全检查进行所需要的视觉检验。

机器人视觉、计算机视觉、图像处理、机器视觉和图像识别等术语之间到底有什么区别和联系呢？机器人视觉和相关技术之间的关系如图 7-1 所示。

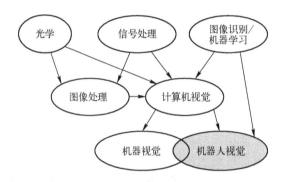

图 7-1　机器人视觉和相关技术关系图

为了更好地对机器人视觉、计算机视觉、图像处理、机器视觉和图像识别等进行区别，本书用图像处理中所用信号输入输出的类型来对其进行描述，见表 7-1。

表 7-1　机器人视觉和相关技术输入输出表

序号	图像（信号）处理技术手段	输入信号类型	输出信号类型（或动作）
1	信号处理	电子信号	电子信号
2	图像处理	图像	图像
3	计算机视觉	图像	信息/特征
4	图像识别/机器学习	信息/特征	信息
5	机器视觉	图像	信息
6	机器人视觉	图像	物理行动

在一般情况下，机器人视觉和机器视觉可以相互替换使用，然而在具体的应用场景下还是有些细微的差异。一些机器视觉应用，如零件的视觉检测，与机器人无关，工件仅仅是放置在一个用来检测零件质量的视觉传感器前。在本书中，若没有特别说明，所采用的视觉处理方法均为机器人视觉。

7.2　机器人视觉系统组成

一个完整的机器人视觉系统主要由光源、光学镜头（如无特殊说明，下文将其简称为镜头）、工业相机、图像处理单元和工业机器人等组成。光源为系统提供所需的照明亮度；镜头则是相机为获取图像所必需的光学部件，它的种类和质量直接影响着采集图像的质量；工业相机将镜头传递来的光线转换为图像；图像处理单元将工业相机采集的图像进行所需的变换，并将处理结果（如工件的位置坐标、判断结果等）传输至工业机器人；工业机器人根据接收到的数据，按照既定的要求进行工作。

7.2.1　光源

设计机器人视觉系统时，光源的选择十分重要，它直接影响采集图像的质量和应用效果。由于市场上没有通用的机器人视觉照明装置，所以需要针对每个特定的应用实例来选择所需的照明装置，以达到最佳照明效果。

1. 光源颜色的选择

光源照射颜色应根据视觉对象的主要颜色，以及相似颜色（或色系）混合变亮、相反颜色混合变暗的原则来选择。在色度学中，红、绿、蓝为三基色，常用的互补色有黄和蓝、红和青、绿和品红，在应用中，可以根据实际需要来配比。若采用单色 LED 照明，则需要遮光板隔绝环境干扰。另外，还需要采用几何学原理来考虑视觉对象、光源和相机三者的相对位置，以及光源形状和颜色以加强测量物体和背景的对比度。

本章任务为识别盒状工件，主要检测其外形轮廓，因此采用单色 LED 光源进行照明。

2. 照射方式的选择

光源的照射方式分为直接照射、同轴照射、低角度照射、全方向照射和背面照射五种，每种照射方式适应不同的测量环境，故需要根据实际应用情况来选择。各种照射方式的特征和应用参考案例见表 7-2。

表 7-2　照射方式说明表

序号	照射方式	特　征	示　图	应用案例
1	直接照射	将照明设置在与相机相同的方向，观察工件的反射光		• 电子产品、包装等的外观检测 • 划痕检测 • 工件拾取操作
2	同轴照射	将照明设置在与相机光轴相同的位置，仅观察工件的正反射光，仅工件的水平面可观察		• 基板 PAD 检测 • 刻印文字读取操作 • 定位操作

（续）

序号	照射方式	特 征	示 图	应用案例
3	低角度照射	将照明设置在相机一侧，观察从工件反射出的扩散反射光以及倾斜面的反射光		● 刻印文字读取操作 ● 基板焊锡检测
4	全方向照射	对整个工件进行全方位照射，观察工件的反射光。通过全方位照射可获得阴影较少的图像		● 立体工件的外观检测 ● 有光泽工件的文字读取操作
5	背面照射	将工件放在相机与照明之间，观察工件的阴影与透过状态		● 电子产品的外形形状检测 ● 定位标记/边缘检出

本章任务为识别盒状工件的外形轮廓，因此采用背面照射方式。

3. 光源类型的选择

光源的类型有环形光源、背光源、同轴光源、条形光源、线形光源、RGB 光源、球积分光源、条形组合光源、对位光源和点光源等，每种光源适合不同的照射环境，应根据实际应用的需要选择合适的光源类型。各种类型光源的特征、形状及应用案例见表 7-3。

表 7-3　光源特征及应用案例说明表

序号	光源类型	特 征	示 图	应用案例
1	环形光源	环形光源提供不同照射角度、不同颜色组合，更能突出物体的三维信息。高密度 LED 阵列，高亮度，多种紧凑设计，节省安装空间，解决对角照射阴影问题。可选配漫射板导光，光线均匀扩散		● PCB 基板检测 ● 集成电路（IC）元件检测 ● 显微镜照明 ● 液晶校正 ● 塑胶容器检测 ● 集成电路印字检查
2	背光源	用高密度 LED 阵列面提供高强度背光照明，能突出物体的外形轮廓特征，尤其适合作为显微镜的载物台。红白两用背光源，红蓝多用背光源，能调配出不同颜色，满足不同被测物多色要求		● 机械零件尺寸的测量 ● 电子元件 ● IC 的外形检测 ● 胶片污点检测 ● 透明物体划痕检测
3	同轴光源	同轴光源可以消除物体表面不平整引起的阴影，从而减少干扰部分。采用分光镜设计，减少光损失，提高成像清晰度，均匀照射物体表面，最适宜用于反射度极高的物体		● 金属、玻璃、胶片、晶片等表面的划伤检测 ● 芯片硅晶片的破损检测 ● Mark 点定位 ● 包装条码识别

（续）

序号	光源类型	特　征	示　图	应 用 案 例
4	条形光源	条形光源是较大方形结构被测物的首选光源，颜色可根据需求搭配，自由组合照射角度，安装随意可调		• 金属表面检查 • 图像扫描 • 表面裂缝检测 • LCD 面板检测等
5	线形光源	超高亮度，采用柱面透镜聚光，适用于各种流水线连续监测场合		• 线阵相机照明专用 • 自动光学检测专用
6	RGB 光源	不同角度的三色光照明，照射凸显焊锡三维信息，外加漫散射板导光，减少反光		• 专用于电路板焊锡检测
7	球积分光源	具有积分效果的半球面内壁，均匀反射从底部 360° 发射出的光线，使整个图像的照度十分均匀		• 曲面，表面凹凸检测 • 弧面表面检测 • 金属、玻璃表面反光较强的物体表面检测
8	条形组合光源	四边配置条形光源，每边照明独立可控，可根据被测物要求调整所需照明角度，适用性广		• PCB 基板检测 • 焊锡检查 • Mark 点定位 • 显微镜照明 • 包装条码照明 • IC 元件检测
9	对位光源	对位速度快，视场大，精度高，体积小，亮度高		• 全自动电路板印刷机对位
10	点光源	大功率 LED，体积小，发光强度高，光纤卤素灯的替代品，尤其适合作为镜头的同轴光源，高效散热装置，大大提高光源的使用寿命		• 配合远心镜头使用 • 芯片检测 • Mark 点定位 • 晶片及液晶玻璃底校正

本章任务选择背面照射模式，因此设备使用背光源进行照明。

7.2.2　镜头

镜头是机器人视觉系统中的重要组件，对成像质量起着关键性的作用，对成像质量的几个最主要指标都有影响。镜头的选择一定要慎重，因为镜头的参数直接影响到成像的质量。在选择镜头前，首先要了解镜头的相关参数——分辨率、焦距、光圈大小、明锐度、景深、有效像场和接口形式等。

1. 镜头分类

根据镜头有效像场的大小可分为 1/3 英寸摄像镜头、1/2 英寸摄像镜头、2/3 英寸摄像镜头、1 英寸摄像镜头、电影摄影镜头和照相镜头。

根据镜头的焦距不同可分为变焦镜头和定焦镜头。变焦镜头有不同的变焦范围；定焦镜头可分为鱼眼镜头、短焦镜头、标准镜头、长焦镜头和超长焦镜头等多种型号。

根据镜头和摄像机之间的接口方式不同可分为 C 接口镜头、CS 接口镜头、F 接口镜头、V 接口镜头、T2 接口镜头、徕卡接口镜头、M42 接口镜头和 M50 接口镜头等。接口类型的不同和镜头性能及质量并无直接关系，只是接口方式的不同。不同接口的镜头可以通过转接口与摄像机进行适配。

除了常规的镜头外，工业视觉检测系统中常用到的还有很多专用的镜头，如微距镜头、远距镜头、远心镜头、红外镜头、紫外镜头和显微镜头等，部分工业镜头的特征见表 7-4。

表 7-4　常用工业镜头特征表

序号	镜头种类	镜头外形示例	镜头特征
1	百万像素低畸变镜头		工业镜头里最普通、种类最齐全、图像畸变也较小，价格比较低，所以应用也最为广泛，几乎适用于任何工业场合
2	微距镜头		一般是指成像比例为 1:4~2:1 的范围内的特殊设计的镜头。在对图像质量要求不是很高的情况下，一般可采用在镜头和摄像机之间加近摄接圈的方式或在镜头前加近拍镜的方式达到放大成像的效果
3	广角镜头		镜头焦距很短，视角较宽，而景深却很深，图形有畸变，介于鱼眼镜头与普通镜头之间。主要用于对检测视角要求较宽，对图形畸变要求较低的检测场合
4	鱼眼镜头		鱼眼镜头的焦距范围在 6~16 mm（标准镜头是 50 mm 左右），鱼眼镜头具有跟鱼眼相似的形状和与鱼眼相似的作用，视场角等于或大于 180°，有的甚至可达 230°，图像有桶形畸变，画面景深特别大，可用于管道或容器的内部检测

（续）

序号	镜头种类	镜头外形示例	镜头特征
5	远心镜头		主要是为纠正传统镜头的视差而特殊设计的镜头，它可以在一定的物距范围内，使得到的图像放大倍率不会随物距的变化而变化，这对被测物不在同一物面上的情况是非常重要的应用
6	显微镜头		一般是为成像比例大于 10:1 的拍摄系统所用，但由于现在的摄像机的像元尺寸已经做到 3 μm 以内，所以一般成像比例大于 2:1 时也会选用显微镜头

2. 工业相机镜头的选择

（1）工作距离的设计

工作距离是指当图像在焦距范围内的时候，物体和工业相机镜头前端的距离。它限制了视觉系统以及和视觉系统一起工作的设备所需要的空间。在极限范围内，通过镜头重新对焦，可以改变工作距离。在实际应用中，可以根据需要来设计相机镜头的工作距离。

（2）焦距的选择

焦距是工业相机镜头的关键参数，为了在 CCD 上完整成像，需要为目标的高度和宽度计算焦距，较小的为镜头焦距。镜头焦距计算图例如图 7-2 所示。

$$宽度的焦距 = 工作距离 \times CCD\ 宽度 \div 目标宽度 + CCD\ 宽度 \qquad (7-1)$$
$$高度的焦距 = 工作距离 \times CCD\ 高度 \div 目标高度 + CCD\ 高度 \qquad (7-2)$$

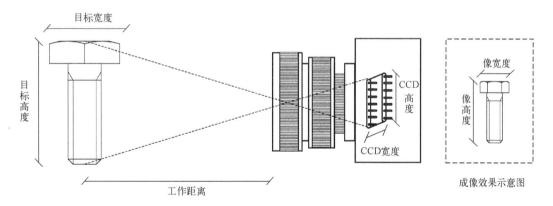

图 7-2　镜头焦距计算图例

将相关参数代入式 7-1 和 7-2 便可得到相机焦距。若成像过程中需要改变放大倍率的应用，采用变焦镜头，否则采用定焦镜头即可。

（3）工作波长的选择

工业相机镜头的工作波长应根据实际应用来选择，若采用可见光波段对物体图像进行采集，那么就选择可见光波段的镜头；若采用其他波段对物体图像进行采集，则需要根据实际情况选择镜头合适的工作波长和恰当的滤光措施，增强所采集波段光线的强度，减小其他波段光线的强度，从而达到最佳的图像采集效果。

（4）像面尺寸选择

像面尺寸是相机的感光元器件 CCD 的实际尺寸，所选工业相机镜头的像面尺寸要与相机感光面尺寸兼容，遵循"大的兼容小的"的原则——相机感光面不能超出镜头标示的像面尺寸，否则边缘视场的像质不保。

（5）像质的提高

像质即为光学系统成像的质量。理想的成像质量应该足够清晰，物象相似，变形要小。像质主要考虑调制传递函数（MTF）和畸变两项。在测量应用中，尤其应该重视畸变。

所谓 MTF 是表示各种不同频率的正弦强度分布函数经过光学系统成像后，其对比度（即振幅）的衰减程度。当某一频率的对比度下降到零时，说明该频率的光强分布已无亮度变化，即该频率被截止。这是利用光学传递函数来评价光学系统成像质量的主要方法。

（6）光圈的选择

工业相机镜头的光圈主要影响像面的亮度。但是在现在的机器人视觉中，最终的图像亮度是由很多因素共同决定的，如光圈、相机增益、积分时间、光源等。为了获得所需的图像亮度，必须综合考虑，对各个环节进行合理的调整。

（7）性价比的考虑

如果以上因素考虑完之后有多项方案都能满足要求，则可以考虑成本和技术成熟度，进行权衡择优选取。

本章任务为识别盒状工件的外形轮廓，测量工件中心坐标位置及旋转的角度信息，且工件距离相机距离远，工件数目较多而且分散，因此需要选择对检测视角要求较宽，对图形畸变要求较低的镜头即广角镜头。

7.2.3　工业相机

工业相机是机器人视觉系统中的一个关键部件，其最本质的功能就是将光信号转变成为有序的电信号。工业相机与商用相机相比，具有高的图像稳定性、图像质量、传输能力和抗干扰能力等，因而价格也较商用相机高。

1. 相机分类

1）按照芯片类型分：可以分为 CCD 相机和 CMOS 相机两种。

2）按照灵敏度分："普通型"正常工作所需照度 1~3Lux、"月光型"正常工作所需照度 0.1Lux 左右、"星光型"正常工作所需照度 0.01Lux 以下、"红外型"采用红外灯照明，在没有光线的情况下，可以成像。

3）按照传感器的结构特性分：可以分为线阵相机和面阵相机两种。

4）按照扫描方式分：可以分为隔行扫描相机和逐行扫描相机两种。

5）按照分辨率大小分：可以分为普通分辨率相机和高分辨率相机两种。

6）按照输出信号方式分：可以分为模拟相机和数字相机两种。

7）按照输出色彩分：可以分为单色（黑白）相机和彩色相机两种。

8）按照输出信号速度分：可以分为普通速度相机和高速相机两种。

9）按照响应频率范围分：可以分为可见光（普通）相机、红外相机和紫外相机三种。

2. 工业相机主要参数

分辨率：即相机每次采集图像的像素点数。对于工业数字相机一般是直接与光电传感器的像元数对应的；对于工业数字模拟相机则是取决于视频制式，目前视频制式有两种比较常用，即 PAL 制式和 NTSC 制式。

PAL 制式是 Phase Alteration Line 的缩写，意思是"逐行倒相"，每秒 25 帧，扫描线为625 线，奇场在前，偶场在后，标准的数字化 PAL 制式分辨率为 720 像素×576 像素，24 bit的色彩位深，画面的宽高比为 4:3，PAL 制式用于中国、欧洲等国家和地区。

NTSC 制式是 National Television Standards Committee 的缩写，意思是"（美国）国家电视标准委员会"，每秒 29.97 帧（简化为 30 帧），扫描线为 525 线，偶场在前，奇场在后，标准的数字化 NTSC 制式分辨率为 720 像素×480 像素，24 bit 的色彩位深，画面的宽高比为 4:3。NTSC 制式用于美国、日本等国家和地区。

普通电视都是采用隔行扫描方式。隔行扫描方式是将一帧电视画面分成奇数场和偶数场两次扫描。第一次扫出由 1、3、5、7 等所有奇数行组成的奇数场，第二次扫出由 2、4、6、8 等所有偶数行组成的偶数场。这样，每一幅图像经过两场扫描，所有的像素便全部扫完。

像素深度：即每个像素数据的位数，一般常用的是 8 bit，对于工业数字相机一般还会有10 bit、12 bit 等。

最大帧率/行频：即相机采集传输图像的速率。对于面阵相机一般为每秒采集的帧数（Frames/Sec.），对于线阵相机为每秒采集的行数（Hz）。

曝光方式和快门速度：对于工业线阵相机都是逐行曝光的方式，可以选择固定行频和外触发同步的采集方式，曝光时间可以与行周期一致，也可以设定一个固定的时间；面阵相机有帧曝光、场曝光和滚动行曝光等几种常见方式。另外，工业数字相机一般都提供外部触发采集图像的功能。快门速度一般可到 10 μs，高速相机还可以更快。

像元尺寸：像元大小（像素尺寸）和像元数（分辨率）共同决定了相机靶面的大小。目前工业数字相机像素尺寸一般为 3~10 μm，一般像素尺寸越小，制造难度越大，图像质量也越不容易提高。

光谱响应特性：是指该像元传感器对不同光波的敏感特性，一般响应范围是 350~1000 nm。一些相机在靶面前加了滤镜，滤除红外光线，如果系统需要对红外感光时可去掉该滤镜。

3. 机器人工作站中的工业相机

机器人工作站选用信捷公司的 SV4-30ML 型智能相机，其图像接收元件为 1/3 英寸CMOS，分辨率为 640 像素×480 像素，像素尺寸为 6.0 μm×6.0 μm，采用的扫描方式为逐行扫描，采用的曝光方式为全局曝光，电子快门为 0.1 ms~200 ms，镜头安装方式为 C 安装，其色彩为 256 色灰度，最快采集速率 60 帧/秒，最快处理速率 60 帧/秒，其外形如图 7-3 所示。

图 7-3 SV4-30ML 型智能相机外形图

7.2.4　图像处理单元

一般工业相机中均集成了图像处理单元，它可以直接从成像单元中获得数据（模拟信号或数字信号），然后转换成上位机可以处理的信息，通过通信接口发送至上位机。

图像处理单元的种类包括专用图像处理控制器、通用数据采集卡和图像采集卡。图像处理单元是完整的视觉系统的一个部分，其决定了相机的接口、色彩和信号类型等。同时，图像处理单元可以控制光学镜头改变拍摄参数（例如触发时间、曝光时间、光圈大小等）。图像处理单元形式很多，可以支持不同类型的光学镜头和不同的计算机总线。

图像处理单元一般是以 DSP、FPGA、ARM 或者 DSP+FPGA 为核心的专用图像处理电路，本书中的工业相机内嵌数字图像处理芯片 DSP，能独立对采集的图像进行运算处理，并可以通过 Modbus-485 或 Modbus TCP 通信将处理结果发送至上位机，控制工业机器人完成规定的操作。

7.3　视觉识别系统的应用

7.3.1　视觉系统结构

本书中的机器人视觉系统选用信捷公司的 X-sight 智能化一体化视觉系统，其主要包括 SV4-30ML 型智能相机（含镜头）、光源控制器 SIC-242 和光源三部分，其中光源控制器不仅能够用来调节系统背光源光线的强弱，而且可以对智能相机的工作过程进行控制。在视觉系统工作时，上位机驱动光源控制器发出图像采集信号，触发智能相机采集工件图像，然后利用智能相机自带的图像处理单元对采集到的图像进行运算处理，并在光源控制器控制下，将处理结果发送至上位机；上位机在接收到图像处理结果后，对其进行进一步处理，并驱动工业机器人进行相应的操作。视觉系统框图如图 7-4 所示。

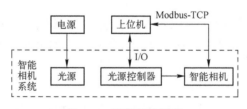

图 7-4　视觉系统框图

智能相机和上位机之间采用 Modbus TCP 通信传输数据，而且智能相机的默认 IP 地址为 192.168.8.3，上位机的 IP 地址需要与智能相机地址在同一网段即可。上位机与光源控制器直接采用 I/O 方式进行通信，主要用来触发智能相机采集图像，并且接收智能相机的采集工作完成信号。在本系统中，光源的强弱无需调节，故此光源直接由电源供电，而没有采用光源控制器供电。

1. 光源控制器驱动电路

光源控制器 SIC-242 在机器人视觉系统中用来给智能相机供电、控制相机的工作流程以及与上位机的通信，其电路如图 7-5 所示。在图 7-5 中 L 和 N 端子为光源控制器的供电端口,需要接 AC 220 V 电源;PE 端子为接地保护端口;24V 和 0V 端子用于给 I/O 端口及智能相机供电;COM0 和 COM1 为公共端,与电源 0V 相连接;X0 为拍照触发信号端子,接收到有效信号时,相机进行一次拍照,与主控 PLC 的 Q4.3 端子相连接;Y0 为拍照完成信号,相机拍照完成后输出有效信号,与主控 PLC 的 I0.3 端子相连接;背光源直接与 DC 24 V 电源相连接。

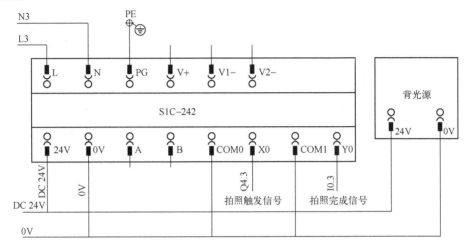

图 7-5 光源控制器电路图

光源控制器 SIC-242 实物如图 7-6 所示。

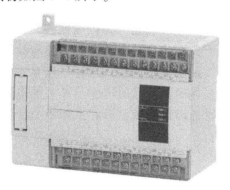

图 7-6 光源控制器 SIC-242 实物图

另外,光源控制器与智能相机之间通过 DB9 数据线进行通信,通信电缆与通信协议均采用智能相机系统的默认配置,按照智能相机安装说明进行组装即可,故此处不再详述。

2. 光源

视觉系统的光源在设计过程中考虑到系统的安全性,采用工作电压为 DC 24 V、6 行 6 列的 LED 背光源,通过在背光源供电电路中串联分压电阻来降压。背光源实物如图 7-7 所示。

3. 智能相机

智能相机主要由相机本体和镜头两部分组成,其外形如图 7-3 所示,镜头可以手动进行焦距和光圈的调节。根据目标物体的距离,调节焦距,以达到最佳的成像效果;根据环境的光照情况调节光圈,使镜头进光量合适,不至于过度曝光或者曝光不足。智能相机安装在托盘生产线的框架上靠近机器人的一侧，如图7-8所示，并可以根据实际应用的需要调整相机的安装高度。

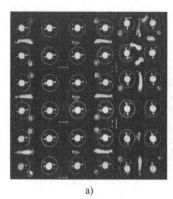

智能相机
安装位置

背光源
安装位置

a)   b)

图7-7　背光源实物图

a）光源内部 LED 电路　b）安装壳体后的光源

图7-8　智能相机现场安装图

7.3.2　相机的标定

在图像测量过程以及机器视觉应用中，为确定空间物体表面某点的三维几何位置与其在图像中对应点之间的相互关系，必须建立相机成像的几何模型，这些几何模型参数就是相机参数。在大多数条件下，这些参数必须通过实验与计算才能得到，这个求解参数的过程就称之为相机标定。无论是在图像测量过程中还是在机器视觉应用中，相机参数的标定都是非常关键的环节，其标定结果的精度及算法的稳定性直接影响相机工作产生结果的准确性。因此，做好相机标定是做好后续工作的前提，提高标定精度是提高测量精度的重点所在。

传统相机标定法需要使用尺寸已知的标定物，通过建立标定物上坐标已知的点与其图像点之间的对应关系，利用一定的算法获得相机模型的内外参数。在相机标定中使用的标定物叫作标定模板，简称为标定板，是一张带有固定间距图案阵列的平板，常用的标定板如图7-9所示。

图7-9　标定板图样

在对相机标定精度要求不高的工业生产现场，若没有标准的标定板，可以用现场的外形比较规则的工件来代替标定板对相机进行标定。在本书所使用的机器人工作站中，相机采集的数据仅用来给工业机器人提供所需取放的工件在托盘中的位置坐标，对位置精度要求不高，故此可以用方形工件来代替标定板，求出对工件尺寸和对应图像像素之间的比例关系。

7.3.3　视觉检测流程设计与图像采集

23　视觉检测的步骤及使用方法

在机器人工作站中，智能相机对工件进行检测必须按照规定的工作流程进行。托盘生产线将装有工件的托盘运送到拍照工位处，主控 PLC 给光源控制器发信号，然后光源控制器给相机发送拍照触发信号，控制智能相机对工件进行拍照；当智能相机拍照，并将图像处理完毕后，便向光源控制器输出拍照完成信号；光源控制器将该信号发送至主控 PLC，主控 PLC 接收到拍照完成信号后，便可以通过 Modbus TCP 通信读取图像处理结果。

智能相机在使用之前，需要使用与相机配套的 X-sight studio 图像处理软件对其工作流程进行编辑，并将其下载到相机处理器中驱动相机工作，只有通过该操作才能够得到所需的检测数据。X-sight Studio 软件可以从信捷公司网站下载，并按照安装说明的要求及相关步骤，将其安装到计算机上便可正常使用。

1. 相机的连接

在机器人工作站中，连接好视觉系统的相关硬件，打开相关的电源开关，然后从计算机桌面上找到 X-sight Studio 软件的图标，并双击打开。单击工具栏上的"连接相机" 🔗 图标，连接智能相机。此时会弹出网络连接对话框，选择所需要的相机（如果同时安装了多个相机的情况），单击"确定"即可完成连接相机操作，如图 7-10 所示。

图 7-10　PC 与智能相机连接

在连接相机操作的时候，计算机的 IP 地址和相机的 IP 地址要在同一网段，相机默认 IP 地址为 192.168.8.3，若连接相机的时候，无法找到相机，可以设置计算机的 IP 地址为 192.168.8.X（X 为 0~2 或 4~255 中的任意一个数字），然后再次连接即可。

2. 图像的显示

在工具栏上先单击"显示图像" 👁图标，再单击"进行一次通信触发" 图标，此时会显示出相机拍摄到的图片，如图 7-11 所示。

3. 拍照触发信号的设定

如果需要通过相机控制器上的 X0 端口启动相机拍照，外部触发需要在"作业配置"

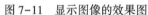 图标中选择"外部触发"方式，如图 7-12 所示。

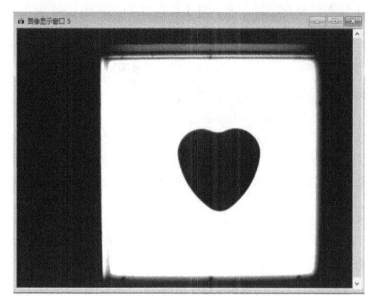

图 7-11　显示图像的效果图　　　　　　图 7-12　触发方式设置

4. 特征值的学习

视觉系统在工作的时候，需要将被检测工件与标准工件进行比对，然后输出对应的比对结果，作为本次检测的结果，故此相机需要提前对标准工件的特征值进行学习采样，做成模板。

X-sight studio 软件提供了预处理工具、定位工具、测量工具、计数工具和瑕疵检测等多种图像处理工具，使用者可以根据自己的需求选择相应的图像处理工具，并按照系统的提示进行设置后，便可以正常使用。

在机器人工作站中的视觉检测系统，需要找到被取放工件的位置数据——中心点坐标 (x, y) 和旋转角度 a，故此这里仅需要使用定位工具即可。在视觉工具栏中选择"定位工具"，然后在"定位工具"菜单下选择"图案定位"，如图 7-13 所示。

拖动鼠标在图像显示窗口选择需要学习的工件有效矩形区域，如图 7-14 的区域 1，该学习区域应略大于工件的外形。系统将自动弹出"图案定位工具参数配置"对话框，如图 7-15 所示。在该对话框中设置"目标搜索的最大个数"和"相似度阈值"。目标搜索的最大个数即为执行一次视觉检测所需检测工件的最大数目；相似度阈值则为被检测工件与模板工件的相似程度，以百分比表示，一般默认为 60，可根据应用的具体情况进行适当调整，其余参数采用默认值即可。最后单击"学习"即可将该模型的数据记录为模板数据。

另外还需要设置搜索区域，搜索区域默认为图像显示窗口边框，此处为背光照明的区域范围，如图 7-14 的区域 2。该矩形区域要包括整个托盘所在的图像区域，以免在实时检测的过程中，因为有工件不在设定的学习区域而造成漏检。

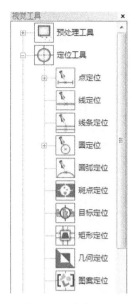

图 7-13 定位工具

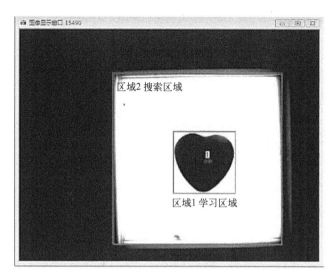

图 7-14 学习区域和搜索区域的设置

图 7-15 图案定位工具参数配置

在进行工件学习时，一种工件对应一个工具（tool），视觉系统识别到的心形工件对应的工具为 tool1，那么心形工件的相关学习信息就放在 tool1 中，如图 7-16 所示。

工具		值	运行结果	运行时间	观察效果	工具图形
☐ tool1:图案定位工具{工具结果:0,时间:12677,寻找到目标的个数:1,目标的重心坐标集合:1{x:...			Pass:通过	12.678ms	显示	显示
工具结果:0		0				
时间:12677		12677				
寻找到目标的个数:1		1				
⊞ 目标的重心坐标集合:1{x:372,y:227,旋转角度:0}}						
⊞ 目标的匹配得分集合:1{94}						

图 7-16 工件特征学习

145

若在工件学习中操作失误，需要重新进行相关操作，则要删除废弃的工具（tool），并在软件下方"上位机仿真调试工具输出监控"框空白处单击右键选择"重新整理工具名"，使得工具名称从"tool1"开始，如图7-17所示。

图7-17 重新整理工具名称操作

如果有多个工件需要识别，按照上述方法，依次识别即可。

5. 数据处理脚本的编写

（1）脚本的建立

脚本作为视觉工具，在进行工件学习时，一般都作为最后一个工具（tool）来使用的，其主要作用是根据相关的要求对前面所有工具（tool）的信息进行整理，便于输出相关的检测结果。

在"视觉工具"中双击"脚本" 图标，弹出"视觉脚本"界面，如图7-18所示。

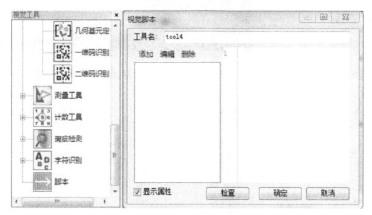

图7-18 创建脚本

脚本创建完成后，需要添加所需的变量用于编写脚本程序。单击"视觉脚本"左侧的"添加"图标，弹出"添加变量参数"对话框，在该对话框中可以设置变量的名称、数据类型和初始值，设定完成后单击"确定"即可，如图7-19所示。

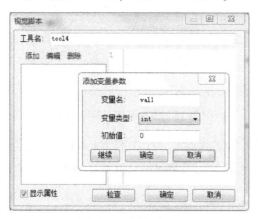

图7-19 添加变量

在脚本中使用的变量除了自定义的变量之外，还需要用到软件内部的用于存储检测结果的两个变量，分别为寻找到目标的个数变量 objectNum 和目标的中心坐标变量 centroidPoint，其中 centroidPoint 变量包含目标中心坐标 (x,y) 和目标相对于标准工件的旋转角度 angle 变量。在使用这些变量的时候，可以根据需要，在脚本程序的任何位置，随意调用即可。

（2）脚本程序的设计与编写

在机器人工作站中，视觉系统需要对多种工件进行识别检测，但每次最多需要对 3 种工件进行检测，故此处以 3 种工件的视觉检测为例来学习脚本程序的设计与编写过程。

对 3 种工件进行学习采样，因此需要建立 3 个工具 tool1～tool3，另外还需要建立一个工具 tool4 对 tool1～tool3 的变量数据进行管理。在一次视觉检测中，视觉系统最多需要检测 3 个工件，工件可以为一种或者多种；相机的输出数据为工件数量及中心点坐标 (x,y) 和旋转角度 a。这里根据需要建立 3 组变量，每组变量有 4 种类型的数据，分别用来存储一种工件的数量信息、中心点坐标 (x,y) 的信息和旋转角度 a 的信息。每种工件最大数目为 3 个，所以这里存储工件的中心点坐标和旋转角度信息的数据类型为一维数组，以便于存储 3 个工件的相关信息，如图 7-20 所示。

图 7-20 脚本变量的建立

mb1（int）：该变量用来存储第一种工件的数目，其名称为 mb1，变量数据类型为 int，变量的初始值为 0。当托盘里无第一种工件时，那么 mb1 的值为 0。当托盘中 3 个工件均为第一种工件时，mb1 值为 3。

mb1x（float[3]）：该变量用于存储第一种工件中心点坐标的 x 值，其名称为 mb1x，变量数据类型为 float。由于一次视觉检测中同一种类的工件数目最多为 3 个，因此设置数组长度为 3，数组的初始值为 0。

mb1y（float[3]）：该变量用于存储第一种工件中心点坐标的 y 值，其他说明与 mb1x 变量类似，此处不再赘述。

mb1a（float[3]）：该变量用于存储第一种工件相对于标准工件的旋转角度值 a，其他说明与 mb1x 变量类似，此处不再赘述。

objectNum 是在一次视觉检测中每种被测工件的数目，tool1. Out. objectNum 是检测到的第一种工件的数目，是工具 tool1 中的输出结果。依此类推，tool2. Out. objectNum 是检测到的第二种工件的数目，是工具 tool2 中的输出结果，tool3. Out. objectNum 则是检测到的第三种工件的数目，是 tool3 中的输出结果。

在工具脚本中，需要对智能相机采集到的每种工件信息分别进行处理，现在以第一种工件的信息处理过程为例来阐述其工作流程。工具 tool4 的 mb1 变量通过工具 tool1 的输出数据 objectNum 获取工具 tool1 中的工件数目，然后将 tool4 中存储第一种工件的存储空间 mb1a[3]、mb1x[3] 和 mb1y[3] 数组清零，防止上一次检测数据与本次测量结果混淆。因为一次测量的工件数目可能少于3 个，那么在存储本次测量结果的时候，使用的存储空间也少于3 个，没有使用的存储空间保持上一次的测量结果，故此需要将其清零。最后将新检测到的数据分别存入 mb1a[3]、mb1x[3] 和 mb1y[3] 即可，其工作流程如图 7-21 所示。其他种类工件的数据处理方法与此相同，不再赘述。

信捷智能相机的脚本采用 C++ 语言编写，故其脚本程序参考代码如下：

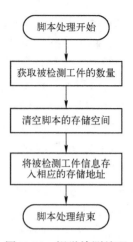

图 7-21　视觉检测处理脚本工作流程图

```
//存储工件1的参数
tool4.mb1=tool1.Out.objectNum;        //获取第一种工件的数目
for(int i=0; i<3; i++)                //将工件数据的存储空间清零
{

    tool4.mb1x[i]=0;
    tool4.mb1y[i]=0;
    tool4.mb1a[i]=0;

}

for(int i=0; i<tool4.mb1; i++)        //将第一种工件的数据存入tool4的对应存储空间中
{

    tool4.mb1x[i]=tool1.Out.centroidPoint[i].x;
    tool4.mb1y[i]=tool1.Out.centroidPoint[i].y;
    tool4.mb1a[i]=tool1.Out.centroidPoint[i].angle;

}

//存储工件2的参数
tool4.mb2=tool2.Out.objectNum;
for(int i=0; i<3; i++)
{

    tool4.mb2x[i]=0;
    tool4.mb2y[i]=0;
    tool4.mb2a[i]=0;

}
for(int i=0; i<tool4.mb2; i++)
{

    tool4.mb2x[i]=tool2.Out.centroidPoint[i].x;
    tool4.mb2y[i]=tool2.Out.centroidPoint[i].y;
    tool4.mb2a[i]=tool2.Out.centroidPoint[i].angle;

}
```

```
//存储工件 3 的参数
tool4. mb3 = tool3. Out. objectNum;
for( int i = 0; i<3; i++)
{
    tool4. mb3x[i] = 0;
    tool4. mb3y[i] = 0;
    tool4. mb3a[i] = 0;
}
for( int i = 0; i<tool4. mb3; i++)
{
    tool4. mb3x[i] = tool3. Out. centroidPoint[i]. x;
    tool4. mb3y[i] = tool3. Out. centroidPoint[i]. y;
    tool4. mb3a[i] = tool3. Out. centroidPoint[i]. angle;
}
```

在清空脚本存储空间的时候，一次可以将所有的存储空间同时清零，此处为了使得脚本程序结构清晰，故此每种工件分别清零一次。

6. Modbus 配置

相机和主控 PLC 采用 Modbus TCP 通信进行数据传输，因此需要在相机的 Modbus 配置中将需要输出的检测结果存储到 Modbus 对应的地址中，以便主控 PLC 寻址并读取数据。单击菜单栏上的"窗口"，选择"Modbus 配置"，在变量对应的那一栏的表格中双击鼠标，在弹出的对话框中选择所需的变量，并分配地址即可。此处将脚本中 tool4 所包含的工件位置信息配置到 Modbus 中，这里仅输出各工件坐标 x，y 和 a 的数值，并没有输出各工件数量，主控 PLC 在读取工件数据的时候，根据读取到的非零检测数据的个数来判断工件的数量。Modbus 输出数据配置如图 7-22 所示。

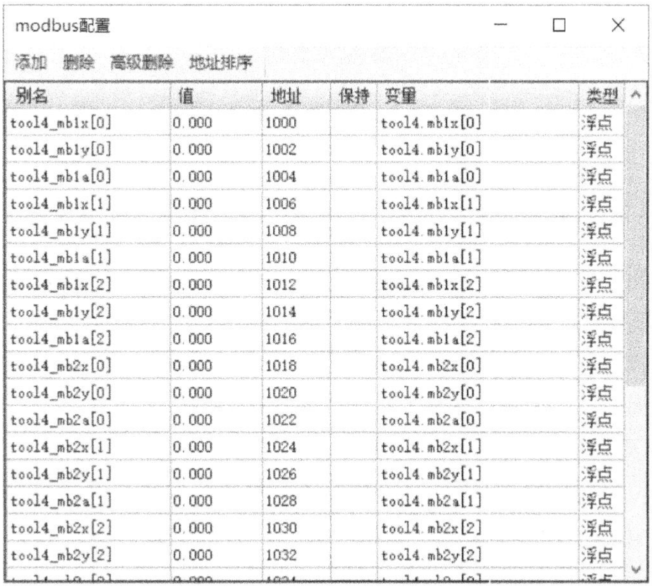

别名	值	地址	保持	变量	类型
tool4_mb1x[0]	0.000	1000		tool4.mb1x[0]	浮点
tool4_mb1y[0]	0.000	1002		tool4.mb1y[0]	浮点
tool4_mb1a[0]	0.000	1004		tool4.mb1a[0]	浮点
tool4_mb1x[1]	0.000	1006		tool4.mb1x[1]	浮点
tool4_mb1y[1]	0.000	1008		tool4.mb1y[1]	浮点
tool4_mb1a[1]	0.000	1010		tool4.mb1a[1]	浮点
tool4_mb1x[2]	0.000	1012		tool4.mb1x[2]	浮点
tool4_mb1y[2]	0.000	1014		tool4.mb1y[2]	浮点
tool4_mb1a[2]	0.000	1016		tool4.mb1a[2]	浮点
tool4_mb2x[0]	0.000	1018		tool4.mb2x[0]	浮点
tool4_mb2y[0]	0.000	1020		tool4.mb2y[0]	浮点
tool4_mb2a[0]	0.000	1022		tool4.mb2a[0]	浮点
tool4_mb2x[1]	0.000	1024		tool4.mb2x[1]	浮点
tool4_mb2y[1]	0.000	1026		tool4.mb2y[1]	浮点
tool4_mb2a[1]	0.000	1028		tool4.mb2a[1]	浮点
tool4_mb2x[2]	0.000	1030		tool4.mb2x[2]	浮点
tool4_mb2y[2]	0.000	1032		tool4.mb2y[2]	浮点

图 7-22 Modbus 配置

7. 相机配置下载

在计算机上完成相机配置后，需要将作业下载到相机中。在工具栏中单击"一键下载"▽按钮，弹出对话框询问"是否切换到停止模式"，单击"确定"按钮，弹出下载界面，等待下载完成后，单击"运行"按钮，运行相机即可。

8. 软件通信触发及测试

单击工具栏上"进行一次通信触发"█按钮，可完成一次相机拍照、处理、通信的触发，还可以用来进行简单的测试相机配置是否满足要求，其测试效果如图7-23所示。

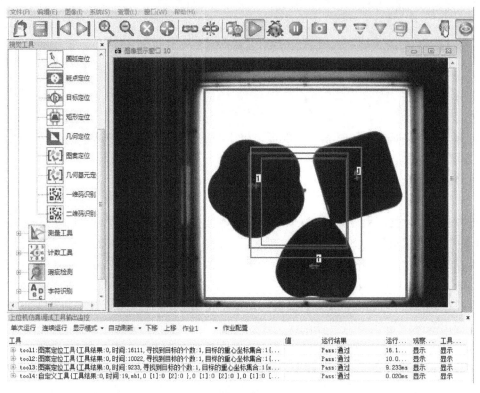

图7-23 视觉检测处理效果

7.3.4 数据处理与坐标变换

在机器人工作站中，智能相机的检测结果通过Modbus TCP通信发送至主控PLC，由主控PLC进一步处理后发送至工业机器人，从而驱动机器人按照规定的工作流程执行相应的操作。此处以一个存放了3种工件的托盘的数据处理过程为例来学习主控PLC对智能相机检测结果的处理流程。

1. 获取工件的测量数据

在对被检测工件进行处理的时候，需要先从智能相机中获取其测量数据，因此需要在主控PLC中建立一个相机输入的数据块，然后在该数据块中建立DWord型二维数组，其名称为"相机输入"，对检测数据进行记录。在同一个托盘中，同一种工件的数目可以为1~3个，因此相机输入变量为3行9列的整型双字数组。数组的每一行对应一种工件，每一行的

9 个数据被分为 3 组，分别对应这一种工件的 3 组数据 x、y 和 a，相机输入变量数据结构如图 7-24 所示。相机输入 $[0,0]$ ~ $[0,2]$ 存储第一种工件的第一个工件 x、y 和 a 的数据，相机输入 $[0,3]$ ~ $[0,5]$ 存储第一种工件的第二个工件 x、y 和 a 的数据，相机输入 $[0,6]$ ~ $[0,8]$ 存储第一种工件的第三个工件 x、y 和 a 的数据；相机输入 $[1,0]$ ~ $[1,8]$ 存储第二种工件的三组信息；相机输入 $[2,0]$ ~ $[2,8]$ 存储第三种工件的三组信息。

		名称	数据类型	偏移量	起始值	保持	可从 H...	从 H...	在 HMI ...
		相机输入							
1		▼ Static				□	□	□	□
2	■	▼ 相机输入	Array[0..2, 0..8] of DWord	0.0		□	☑	☑	☑
3	■	相机输入 [0,0]	DWord	0.0	16#0	□	☑	☑	☑
4	■	相机输入 [0,1]	DWord	4.0	16#0	□	☑	☑	☑
5	■	相机输入 [0,2]	DWord	8.0	16#0	□	☑	☑	☑
6	■	相机输入 [0,3]	DWord	12.0	16#0	□	☑	☑	☑
7	■	相机输入 [0,4]	DWord	16.0	16#0	□	☑	☑	☑
8	■	相机输入 [0,5]	DWord	20.0	16#0	□	☑	☑	☑
9	■	相机输入 [0,6]	DWord	24.0	16#0	□	☑	☑	☑
10	■	相机输入 [0,7]	DWord	28.0	16#0	□	☑	☑	☑
11	■	相机输入 [0,8]	DWord	32.0	16#0	□	☑	☑	☑
12	■	相机输入 [1,0]	DWord	36.0	16#0	□	☑	☑	☑
13	■	相机输入 [1,1]	DWord	40.0	16#0	□	☑	☑	☑
14	■	相机输入 [1,2]	DWord	44.0	16#0	□	☑	☑	☑
15	■	相机输入 [1,3]	DWord	48.0	16#0	□	☑	☑	☑
16	■	相机输入 [1,4]	DWord	52.0	16#0	□	☑	☑	☑
17	■	相机输入 [1,5]	DWord	56.0	16#0	□	☑	☑	☑
18	■	相机输入 [1,6]	DWord	60.0	16#0	□	☑	☑	☑
19	■	相机输入 [1,7]	DWord	64.0	16#0	□	☑	☑	☑
20	■	相机输入 [1,8]	DWord	68.0	16#0	□	☑	☑	☑
21	■	相机输入 [2,0]	DWord	72.0	16#0	□	☑	☑	☑
22	■	相机输入 [2,1]	DWord	76.0	16#0	□	☑	☑	☑
23	■	相机输入 [2,2]	DWord	80.0	16#0	□	☑	☑	☑
24	■	相机输入 [2,3]	DWord	84.0	16#0	□	☑	☑	☑
25	■	相机输入 [2,4]	DWord	88.0	16#0	□	☑	☑	☑
26	■	相机输入 [2,5]	DWord	92.0	16#0	□	☑	☑	☑
27	■	相机输入 [2,6]	DWord	96.0	16#0	□	☑	☑	☑
28	■	相机输入 [2,7]	DWord	100.0	16#0	□	☑	☑	☑
29	■	相机输入 [2,8]	DWord	104.0	16#0	□	☑	☑	☑

图 7-24　PLC 中需要存储的相机输入数据

当 PLC 对当前托盘中的工件信息进行处理时，还需要在 PLC 的相机数据处理程序（名称为"相机"）中建立"当前托盘数据记录"数组变量和"当前工件数量"变量，对即将处理的托盘相机检测数据进行记录，如图 7-25 所示，这些数据共 16 个，分别记录同一个托盘中的 3 个工件的工件号、X 轴坐标、Y 轴坐标、旋转角度、Z 轴偏移量和当前工件数量等信息。

在"当前托盘数据记录"数组中，当前托盘数据记录 $[0,0]$ 表示托盘中检测到的第一个工件的工件号，当前托盘数据记录 $[0,1]$ 表示该工件的 X 轴坐标值，当前托盘数据记录 $[0,2]$ 表示该工件的 Y 轴坐标值，当前托盘数据记录 $[0,3]$ 表示该工件相对标准工件的旋转角度 a 的值，当前托盘数据记录 $[0,4]$ 表示该工件的 Z 轴偏移量。以此类推，当前托盘数据记录 $[1,0]$ ~ $[1,4]$ 表示检测到的第二个工件的信息，当前托盘数据记录 $[2,0]$ ~ $[2,4]$ 则表示检测到的第三个工件的信息。"当前工件数量"表示当前托盘中工件的数量，其最大值为 3。

工件 Z 轴偏移量为工件的高度数据，其值为常量，故此需要在名称为"常量"的数据块中建立变量"工件高度"，并根据需要直接输入各种工件的高度数据，如图 7-26 所示。

相机

	名称	数据类型	默认值	保持	可从HMI/...	从H...	在HMI...	设定值
4	▼ Static				□	□	□	
5	▼ 当前托盘数据记录	Array[0..2, 0..4] of DWord		非保持	☑	☑	☑	
6	当前托盘数据记录[0,0]	DWord	16#0	非保持	☑	☑	☑	
7	当前托盘数据记录[0,1]	DWord	16#0	非保持	☑	☑	☑	
8	当前托盘数据记录[0,2]	DWord	16#0	非保持	☑	☑	☑	
9	当前托盘数据记录[0,3]	DWord	16#0	非保持	☑	☑	☑	
10	当前托盘数据记录[0,4]	DWord	16#0	非保持	☑	☑	☑	
11	当前托盘数据记录[1,0]	DWord	16#0	非保持	☑	☑	☑	
12	当前托盘数据记录[1,1]	DWord	16#0	非保持	☑	☑	☑	
13	当前托盘数据记录[1,2]	DWord	16#0	非保持	☑	☑	☑	
14	当前托盘数据记录[1,3]	DWord	16#0	非保持	☑	☑	☑	
15	当前托盘数据记录[1,4]	DWord	16#0	非保持	☑	☑	☑	
16	当前托盘数据记录[2,0]	DWord	16#0	非保持	☑	☑	☑	
17	当前托盘数据记录[2,1]	DWord	16#0	非保持	☑	☑	☑	
18	当前托盘数据记录[2,2]	DWord	16#0	非保持	☑	☑	☑	
19	当前托盘数据记录[2,3]	DWord	16#0	非保持	☑	☑	☑	
20	当前托盘数据记录[2,4]	DWord	16#0	非保持	☑	☑	☑	
21	当前工件数量	Int	0	非保持	☑	☑	☑	□

图 7-25　当前处理托盘的检测数据

常量

	名称	数据类型	起始值	保持	可从HMI/...	从H...	在HMI...	设定值
1	▼ Static							
2	▼ 工件高度	Array[0..2] of Real		□	☑	☑	☑	□
3	工件高度[0]	Real	50.0		☑	☑	☑	
4	工件高度[1]	Real	50.0		☑	☑	☑	
5	工件高度[2]	Real	50.0		☑	☑	☑	
6	ΔX	Real	367.0	□	☑	☑	☑	□
7	ΔY	Real	233.0	□	☑	☑	☑	□
8	K	Real	1.96	□	☑	☑	☑	□

图 7-26　工件高度数据

2. 数据处理与坐标变换

（1）数据的处理

PLC 从相机读入的数据为 32 位双字（DWORD）变量，且高低两个字（WORD）的位置是相反的，低 16 位在前，高 16 位在后，所以需要对其顺序进行调整。此处采用循环右移指令 ROR 来实现该操作。在 PLC 的 SCL 语言中，循环右移指令 ROR 的格式为"Tag_Result := ROR(IN := Tag_Value,N := Tag_Number);"，其中 Tag_Result 为循环右移的结果，Tag_Value 为需要循环右移的数据，Tag_Number 为需要循环右移的位数。向右移出的位逐次填充到最高位中因循环移位而空出的位，其转换原理如图 7-27 所示。

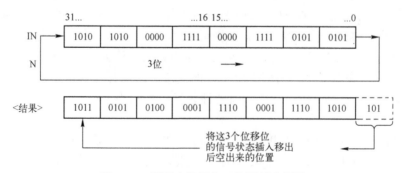

图 7-27　循环右移指令工作原理示意图

（2）坐标变换

工业机器人根据视觉检测结果在托盘生产线的物料分拣工位分拣工件的时候，需要由主控 PLC 将工件在智能相机所确定的坐标系下的坐标转换为在工业机器人坐标系下的坐标。工件在智能相机坐标系下的坐标量纲为像素，而在工业机器人坐标系下的坐标量纲为毫米，故此需要先根据相机标定所得到的工件尺寸和对应图像像素之间的比例关系常数 K，将工件坐标数据从像素量纲转换到毫米量纲。智能相机坐标系 C_0 的原点位于图像的右上角，即在视觉检测工位的右上方，如图 7-28 所示。若工件在智能相机坐标系 C_0 下以像素为量纲的坐标为 (x, y)，则其以毫米为量纲的坐标为 $(K \times x, K \times y)$。工件由托盘生产线从视觉检测工位运送至物料分拣工位后，其在托盘中的相对位置不变，即相当于把智能相机坐标系 C_0 从视觉检测工位移动到物料分拣工位，为了便于表述，称该处的智能相机坐标系为 C_1，如图 7-28 所示。为了便于工业机器人对工件进行分拣，在物料分拣工位的托盘中心处建立一个工件坐标系 P，坐标系各轴方向与机器人基坐标方向相同，如图 7-28 所示，其 X 轴与智能相机坐标系 C_1 的 Y 轴方向一致，且偏差为 Δx，Y 轴与智能相机坐标系 C_1 的 X 轴负方向一致，且偏差为 Δy。工件在工件坐标系 P 下的坐标值 (xp, yp) 则可以通过坐标变换公式 7-3 计算得到。

$$\begin{cases} xp = K \times y - \Delta x \\ yp = -K \times x + \Delta y \end{cases} \tag{7-3}$$

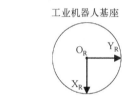

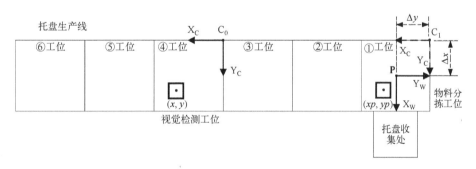

图 7-28　坐标变换原理示意图

为了将工件在智能相机所确定的坐标系下的坐标数据转换为在工业机器人坐标系下的坐标数据，需要在 PLC 的"常量"数据块中建立变量 Δx、Δy 和 k，分别用来表示式 7-3 中的 X 轴偏移量、Y 轴偏移量和比例系数，变量建立后的结果如图 7-26 所示。

在 TIA 博途软件中进行坐标变换时数据类型根据实际应用的需要不断被改变，如通信中传输的数据是 Dword 型数据，计算时为了确保结果精确，需要将其转化为 Real 型数据，而输出时为了记录方便则需要再次将 Real 型数据转化为 Int 型数据。数据类型的转化需要使用"基本指令"中"转换操作"下的"CONVERT 转换值"指令来实现，该指令使用较为简便，此处不再详述。

7.3.5　相机与 PLC 的应用实例

此处以 PLC 对相机数据一次处理过程为例来介绍视觉检测的完整流程。当托盘进入视觉检测工位后，首先 PLC 给智能相机发送拍照信号，触发相机拍照检测一次；接着 PLC 将以前读取到的相机数据和临时变量清零；然后 PLC 读取相机最新的检测数据，并判断工件数据是否为 0；最后对工件数据进行处理并记录处理结果，其详细工作流程如图 7-29 所示。

打开 TIA 博途软件，按照第 2 章的步骤建立项目，添加并组态 S7-1215C PLC，然后在 PLC 变量表中新建驱动程序所需的变量——拍照触发、拍照完成、拍照启动和错误代码。其中拍照触发信号用于启动相机拍照；拍照完成信号是相机完成一次采集后发出的反馈信号；拍照启动信号用于 PLC 控制相机启动一次拍照检测；错误代码信号用于存储 Modbus TCP 通信中的错误代码。其详细的变量分配如图 7-30 所示，其电路请参考图 7-5 所示。

然后在 PLC 的 main 程序中编写 PLC 控制相机启动的程序，当拍照启动信号 M3.0 被触发后，Q4.3 便给相机发送一个拍照触发信号，触发相机拍照检测一次，其程序如图 7-31 所示。

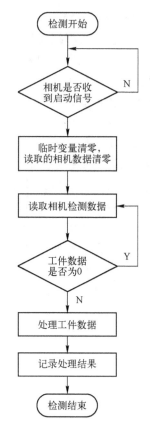

图 7-29　相机数据处理流程图

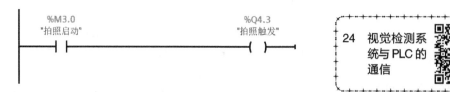

图 7-30　相机与 PLC 通信变量分配表

```
%M3.0                           %Q4.3
"拍照启动"                       "拍照触发"
——| |——————————————————————————( )——
```

图 7-31　PLC 控制相机启动程序

24　视觉检测系统与 PLC 的通信

在机器人工作站中，智能相机与 PLC 之间采用 Modbus TCP 通信，其中智能相机是服务器端，而 PLC 则是客户端，即 PLC 主动读取智能相机的数据。在本例中设定 PLC 的 IP 地址是 192.168.8.30，而智能相机的 IP 地址固定为 192.168.8.3。根据 6.4 节的相关内容，对相机和 PLC 之间的 Modbus TCP 通信程序进行设计，其程序如图 7-32 所示，其函数块名称为"TCP"。其中"MB_DATA_ADDR"是相机存放数据的起始地址，数据存储的起始地址为 41001；"MB_DATA_LEN"是读取数据的长度，长度为 54。

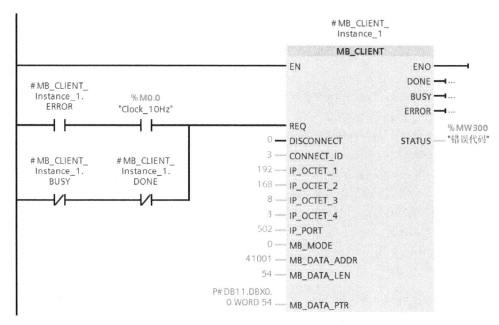

图 7-32　PLC 与相机的 Modbus TCP 通信

PLC 从相机中读取检测数据后，需要根据图 7-29 的处理流程对相关的数据进行处理。由于该部分程序较为复杂，为了简化程序设计，从本章开始部分 PLC 程序采用 SCL 语言进行程序设计。当采用 SCL 语言进行程序设计的时候，可以通过 TIA 博途软件中的"添加新块"功能，添加并选择函数块，将语言选择 SCL，如图 7-33 所示，单击"确认"按键即可建立 SCL 语言的函数块。

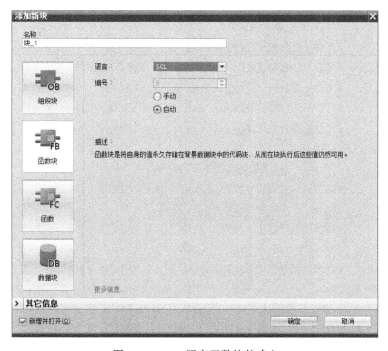

图 7-33　SCL 语言函数块的建立

SCL 语言的函数块除了编程语言与梯形图不同，其他的使用方法与用梯形图建立的函数块类似，SCL 语言的基础知识请参考博途软件的帮助。该部分的参考代码如下所示，其函数块名称为"相机"。

```
#F_TRIG_Instance(CLK:=#相机拍照完成信号);
IF #F_TRIG_Instance. Q THEN
//临时变量和读取到的相机数据清零
  FOR #count1 := 0 TO 2 DO
      FOR #count2 := 0 TO 8 DO
          #当前托盘数据记录[#count1, #count2] := 0;
      END_FOR;
  END_FOR;
  #PlateNum := 0;
  #TmpX := 0;
  #TmpY := 0;
  #TmpA := 0;
  #TmpH := 0;
  #RobotX := 0;
  #RobotY := 0;
  #RobotA := 0;
//判断工件数据是否为0,目的是判断是否检测到工件
  FOR #count3 := 0 TO 2 DO
      FOR #count4 := 0 TO 8 BY 3 DO
          //判断工件数据是否为0(检测是否有工件)
          IF "相机输入". 相机输入[#count3, #count4] <> 0 THEN
          //读取相机输入的数据
          #当前托盘数据记录[#PlateNum, 0] := INT_TO_DWORD(#count3 + 1);
          #当前托盘数据记录[#PlateNum, 1] := "相机输入". 相机输入[#count3, #count4];
          #当前托盘数据记录[#PlateNum, 2] := "相机输入". 相机输入[#count3, #count4+1];
          #当前托盘数据记录[#PlateNum, 3] := "相机输入". 相机输入[#count3, #count4+2];
          #当前托盘数据记录[#PlateNum, 4] := REAL_TO_DWORD("常量". 工件高度[#
          count3]);
          //对读取相机的数据高低字节进行互换
          #当前托盘数据记录[#PlateNum, 1] := ROR(IN := #当前托盘数据记录[#Plate-
          Num, 1], N := 16);
          #当前托盘数据记录[#PlateNum, 2] := ROR(IN := #当前托盘数据记录[#Plate-
          Num, 2], N := 16);
          #当前托盘数据记录[#PlateNum, 3] := ROR(IN := #当前托盘数据记录[#Plate-
          Num, 3], N := 16);
          //将工件数据从 DWORD 型转换为 REAL 型
          #TmpX := DWORD_TO_REAL(#当前托盘数据记录[#PlateNum, 1]);
          #TmpY := DWORD_TO_REAL(#当前托盘数据记录[#PlateNum, 2]);
```

```
            #TmpA := DWORD_TO_REAL(#当前托盘数据记录[#PlateNum, 3]);
            #TmpH := DWORD_TO_REAL(#当前托盘数据记录[#PlateNum, 4]);
            //坐标变换
            #RobotX := (#TmpX - "常量".ΔY) * "常量".K;
            #RobotY := (#TmpY - "常量".ΔX) * "常量".K * (-1);
            #RobotA := #TmpA;
            //将坐标数据转换为 INT 型
            #坐标变换数据[#PlateNum, 0] := DWORD_TO_INT(#当前托盘数据记录[#Plate-
              Num, 0]);
            #坐标变换数据[#PlateNum, 1] := REAL_TO_INT(#RobotX);
            #坐标变换数据[#PlateNum, 2] := REAL_TO_INT(#RobotY);
            #坐标变换数据[#PlateNum, 3] := REAL_TO_INT(#RobotA);
            #坐标变换数据[#PlateNum, 4] := REAL_TO_INT(#TmpH);
            //保存转换结果
            "相机输出". 处理结果["相机输出". 托盘数, 0 + #PlateNum * 5] := #坐标变换
            数据[#PlateNum, 0];
            "相机输出". 处理结果["相机输出". 托盘数, 1 + #PlateNum * 5] := #坐标变换
            数据[#PlateNum, 1];
            "相机输出". 处理结果["相机输出". 托盘数, 2 + #PlateNum * 5] := #坐标变换
            数据[#PlateNum, 2];
            "相机输出". 处理结果["相机输出". 托盘数, 3 + #PlateNum * 5] := #坐标变换
            数据[#PlateNum, 3];
            "相机输出". 处理结果["相机输出". 托盘数, 4 + #PlateNum * 5] := #坐标变换
            数据[#PlateNum, 4];
            #PlateNum := #PlateNum + 1;
            #当前工件数量 := #当前工件数量 + 1;
            END_IF;
        END_FOR;
    END_FOR;
    IF "相机输出". 托盘数 < 3 THEN
        "相机输出". 托盘数 := "相机输出". 托盘数 + 1;   //记录已经处理的托盘数目
    END_IF;
    "相机输出". 处理结果["相机输出". 托盘数 - 1, 15] := REAL_TO_INT(#当前工件数
量);//存储当前托盘工件数量
    #当前工件数量 := 0;
    RETURN;
END_IF;
```

所有程序设计完毕后，在主函数中逐个调用即可，如图 7-34 所示。

所有程序编写完毕，分别下载到 PLC 和相机中，然后通过 PLC 触发相机检测一次工件便可看到相应的处理结果。

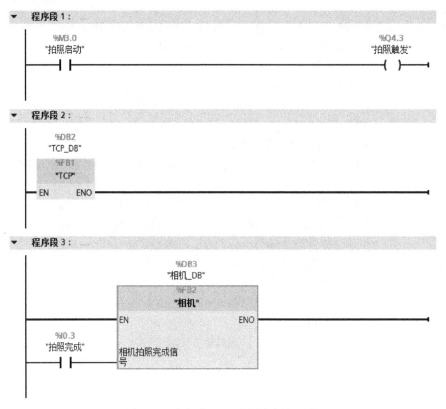

图 7-34 相机与 PLC 应用实例主程序

思考与练习

1. 简答题

（1）在视觉检测中，光源照射方式如何选择？如果现在有一个立方体和一个圆柱体需要识别，请问使用哪种照射方式？

（2）1/3 英寸的 CCD 尺寸为 4.8 mm×3.6 mm，工件的尺寸为 48 mm×36 mm，拍摄距离为500 mm，请问高度和宽度的焦距为多少？

（3）请叙述如何使用 X-sight studio 软件采集图像，并将系统建立过程以流程图的形式进行阐述。

（4）X-sight studio 软件中脚本如何建立，mb1x(float[3]):0 变量代表什么数值，其中float[3]是什么意思？

（5）在 TIA 博途软件中如何对相机数据进行处理及坐标变换？

（6）相机与 PLC 之间的通信是如何建立的？

2. 思考题

如果现场中有四种工件，每个托盘随机放四个工件，那么 X-sight studio 软件中脚本该如何编写？在 TIA 博途软件中如何进行数据变量的读取？

第 8 章

自动化立体仓库设计

学习目标：

1. 了解立体仓库的组成。
2. 掌握立体仓库的工作原理。
3. 掌握立体仓库的电路设计与程序设计。

自动化立体仓库是指采用几层、十几层乃至几十层高的货架储存货物，用相应的物料搬运设备进行货物入库和出库作业的仓库。由于这类仓库能够充分利用空间储存货物，故常形象地将其称为"立体仓库"。机器人工作站中的自动化立体仓库（以下简称为立体仓库）用来对工作站中需要加工的工件进行存储，并能够根据工作流程的安排，驱动码垛机器人将所需工件从立体仓库中取出，或者将加工完的工件存入立体仓库，实现机器人工作站的供料、储料环节，为工作站的高效运行奠定基础。

自动化立体仓库是现代化物流的重要组成部分，由于其具有很高的空间利用率和很强的出入库能力，以及具有采用计算机进行控制管理而利于企业实施现代化管理等特点，因此已成为企业物流和生产管理不可缺少的仓储技术，越来越受到企业的重视。本章将系统地学习自动化立体仓库的基本组成与原理。

8.1 立体仓库的组成

25 立体仓库的
结构和使用
方法

机器人工作站中的立体仓库主要由货架和码垛机器人组成，如图 8-1 所示。货架是由同一尺寸的货格组成，此处的货格即为立体仓库的库位（为了保持与习惯用语一致，以下将货格称为库位）。库位开口面向码垛机器人，便于码垛机器人取放货物；每个库位中可以存放一种或多种货物。码垛机器人通过人工寻址或者自动寻址的方式，实现指定库位中货物的快速出入库操作。

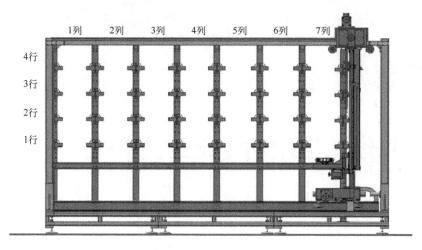

图 8-1　立体仓库组成

8.1.1　货架设计

货架用来存储机器人工作站中所使用的各种工件，每种工件的重量不超过 0.5 kg，体积不大于 60 mm×60 mm×60 mm。每 1~3 个工件放入 1 个托盘中，由码垛机器人将其存入货架上规定的库位。根据机器人工作站的实际需求以及各种工件的特性，工作站中的货架用万能角钢来搭建，其总长 2800 mm，高度 1900 mm，共 4 层 7 列 28 个库位，最下层库位距地面高度约 781 mm，如图 8-1 所示。每个库位入口尺寸长为 320 mm，高为 235 mm，库位深度为 300 mm，并且通过自动对中限位结构保证存放工件的托盘在库位中能够自动对中，以便于码垛机器人对其进行取放操作。每个库位均安装有微动开关，用来检测该库位是否有工件存储，其结构如图 8-2 所示。

货架和码垛机器人都直接安装在立体仓库的基础底板上，并且基础底板由型材和钢板组成，货架、码垛机器人和底板组成了一个相对独立的整体。底板用避震脚支撑在地面上，底板上还安装有对射式光电开关，其由发射端和接收端组成，用于 AGV 小车与立体仓库之间的通信。对射式光电开关的安装位置如图 8-3 所示。

图 8-2　库位结构图

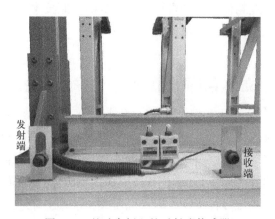

图 8-3　基础底板上的对射式传感器

8.1.2 码垛机器人设计

码垛机器人用来实现立体仓库中工件的出入库操作，其由机器人本体和机器人控制柜组成。码垛机器人本体为三自由度机器人，负责实现工件的出入库操作，其组成如图 8-4 所示。而码垛机器人控制柜不仅用来控制码垛机器人的各种操作，而且还控制着整个立体仓库的工作流程。

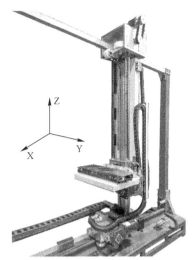

1. 码垛机器人本体

码垛机器人本体由 X、Y 和 Z 三个运动轴组成，每个轴为机器人提供一个自由度，故该机器人具有三个自由度，可以实现直角坐标系下的 X、Y 和 Z 轴三个方向的线性运动。

码垛机器人的 X 轴方向为沿货架的行方向，原点在第 7 列，正方向指向第 1 列。码垛机器人的 X 轴由运动驱动机

图 8-4 码垛机器人的本体

构、运动导向机构和位置检测装置三部分组成。运动驱动机构为 X 轴运动提供驱动力，使其能够沿着 X 轴方向做直线运动。运动导向机构为 X 轴的运动提供方位导向及 Y 轴方向的运动限制，使得码垛机器人能够在 X 轴沿着设定轨迹运动，而不能绕 X 轴做旋转运动。位置检测装置为码垛机器人在 X 轴的运动提供位置检测信号，以保证其能够准确到达每列库位的中心处，便于码垛机器人取放工件；位置检测装置还为码垛机器人在 X 轴方向上的运动提供极限行程检测，防止其超出设定的运动范围。

X 轴的运动驱动机构由三相交流电磁制动电动机、中空蜗轮蜗杆减速器、主动轮和从动轮组成，如图 8-5 所示。三相交流电磁制动电动机的输出轴直接与中空蜗轮蜗杆减速器连接，减速器的输出轴直接与主动轮连接。电动机输出扭矩通过减速器放大后，驱动主动轮运动；从动轮随主动轮一起运动，从而实现码垛机器人在 X 轴方向上的平稳运动。

X 轴方向的运动导向机构由地轨、天轨、X 轴方向限位机构和 Y 轴方向限位机构组成。地轨为码垛机器人提供固定的运动轨迹导向，并且支撑码垛机器人的所有重量；天轨仅为码垛机器人提供 X 轴运动方向导向；X 轴方向限位机构防止码垛机器人在 X 轴方向的运动超出设定的运动范围；Y 轴方向限位机构由多个导向轮组成，与天轨和地轨一起为机器人提供 Y 轴方向的限位，防止码垛机器人在 X 轴方向运动时，在 Y 轴方向发生侧翻，其结构如图 8-5 和图 8-6 所示。

图 8-5 X 轴驱动结构图

图 8-6 Y 轴方向限位机构图

　　X 轴位置检测机构由行方向库位中心位置检测装置和 X 轴极限行程检测装置组成。行方向库位中心位置检测装置由 3 个电磁式接近开关和 7 片金属定位片组成。7 片金属定位片沿着 X 轴方向安装在底板上对着 7 列库位中心的位置，用来给电磁式接近开关提供定位参考标示；电磁式接近开关沿着 X 轴方向以相同的间隔安装在 X 轴运动机构上，其安装宽度与一个金属定位片的长度相当，配合金属定位片来确定码垛机器人在行方向库位的中心位置，其布局如图 8-7 所示。

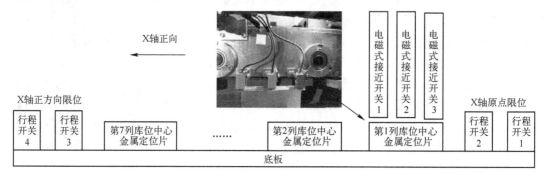

图 8-7　X 轴位置检测机构示意图

　　码垛机器人沿 X 轴正向运动的时候，若需要到达某一列库位中心，当电磁式接近开关 1 检测到该列库位中心金属定位片后，码垛机器人在 X 轴方向的运动立即减速；当电磁式接近开关 2 检测到该列库位中心金属定位片后，码垛机器人在 X 轴方向的运动再次立即减速；当电磁式接近开关 3 检测到该列库位中心金属定位片后，码垛机器人在 X 轴方向的运动立即停止，并且 PLC 记录当前的位置，为下一次码垛机器人在 X 轴方向的运动做准备。

　　X 轴极限行程检测装置由 4 个行程开关来实现，在 X 轴的原点和正方向极限行程处各安装 2 个行程开关，用来给码垛机器人提供两个方向的限位信号。当码垛机器人运动到 X 轴极限行程处（原点或正方向极限行程）的时候，该位置的限位开关被触发，码垛机器人在该方向不能够继续运动，如图 8-7 所示。当行程开关 2 或 3 被触发的时候，码垛机器人在 X 轴方向的运动立即停止，只能够向相反的方向运动；当行程开关 1 或 4 被触发的时候，码垛机器人在 X 轴方向的运动立即停止，只能通过手动的方式向相反的方向运动。

　　码垛机器人的 Z 轴方向为沿着货架的列方向，原点在第 1 行，正方向指向第 4 行。码垛机器人的 Z 轴由运动驱动机构、运动导向限位机构和位置检测装置三部分组成，均安装在 Z 轴的机械结构上，随着 Z 轴的运动而作上下运动。运动驱动机构为 Z 轴运动提供驱动力。运动导向限位机构为 Z 轴运动提供方位导向及位置限制，使得码垛机器人在 Z 轴沿着设定轨迹运动。位置检测装置为码垛机器人在 Z 轴的运动提供位置检测信号，以保证其在每行的库位处都能精确定位；另外，位置检测装置还为码垛机器人提供极限行程检测，防止其超出设定的运动范围。

　　Z 轴的运动驱动机构由三相交流电磁制动电动机、平行轴减速器和链轮提升机构组成，安装于码垛机器人的正上方，如图 8-8 所示。三相交流电磁制动电动机的输出转矩通过减速器减速后，由同步带传输至链轮提升机构，由链轮提升机构带动 Z 轴机械机构沿货架的列方向运动。

　　Z 轴的运动导向限位机构由导轨及导轨滑块所组成的运动副构成。在 X 轴的机械结构上安装了一根沿着 Z 轴方向的基础型材，Z 轴的 2 根圆形导轨分别安装在该型材的两侧，为 Z 轴运动提供方位导向；每根导轨上安装了 2 个导轨滑块，4 个导轨滑块通过一块铝板相连接，构成一个 Z 轴方向的滑台；链轮提升机构的链条一端与该滑台相连接，绕过链轮另外一端与配重块连接，使得链条两端的重量一致，由链轮提升机构带动该机构沿着 Z 轴运动，其结构如图 8-9 所示。

图 8-8　Z 轴驱动结构图

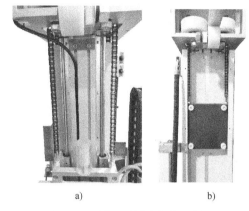

图 8-9　Z 轴运动导向限位机构图

a）导轨滑块　b）配重块

Z 轴位置检测机构与 X 轴的相同，其 4 片金属定位片沿着 Z 轴方向安装在 Z 轴基础型材上正对每行库位底部的位置，用来给电磁式接近开关提供 4 行库位行方向的定位参考；电磁式接近开关安装在 Z 轴滑台上，沿着 Z 轴方向以相同的间隔布置了 3 个相同的接近开关，其安装宽度与一个金属定位片的长度相当，配合金属定位片来确定码垛机器人在 Z 轴方向上的位置，其结构如图 8-10 所示。Z 轴位置检测机构的工作原理与 X 轴相同，故此处不再赘述。

码垛机器人的 Y 轴方向为货架的深度方向，其原点与 X 轴和 Z 轴原点重合，其正方向则是由 X、Z 轴及右手定则所决定，此处 Y 轴正方向为远离货架的方向。码垛机器人的 Y 轴机械结构也叫货叉，其由运动驱动机构和位置检测装置两部分组成，均安装在 Z 轴的滑台上，能够随着 X 轴和 Z 轴一起运动，从而到达每一个库位，并且完成码垛机器人的出入库操作。运动驱动机构为货叉在 Y 轴方向的运动提供驱动力、方位导向及位置限制，使得货叉在 Y 轴能够沿着设定轨迹运动。位置检测装置为货叉在 Y 轴方向的运动提供位置检测信号，以保证其在 Y 轴方向运动的定位精度，并且还可以检测其是否取到工件。

货叉的运动驱动机构由三相交流电动机、减速器、链轮传动机构和送料滑台构成，如图 8-11 所示。三相交流电动机的输出轴与减速器直接相连，减速器的输

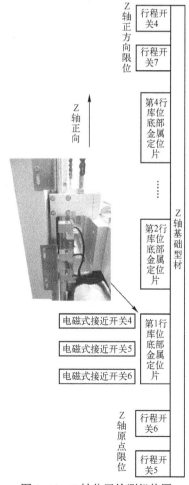

图 8-10　Z 轴位置检测机构图

出轴安装有链轮传动机构，通过链条将动力输送至送料滑台，驱动滑台沿着 Y 轴方向运动。

图 8-11　货叉的运动驱动结构图

a）货叉上部驱动（俯视）　b）货叉下部驱动

　　货叉位置检测装置由光电开关、行程开关、金属定位片和限位挡块组成，其安装位置示意图如图 8-12 所示。光电开关有 3 个，分别为原点光电开关 1、2 和物料检测光电开关，均安装在滑台底座上，固定不动；原点光电开关配合安装在滑台上的金属定位片，来检测滑台的原点位置；物料检测光电开关用来检测货叉上是否有物料存在。库位行程检测挡块和 AGV 行程检测挡块安装在滑台上，而库位行程开关和限位挡块以及 AGV 行程开关和限位挡块安装在滑台底座上。当滑台向 Y 轴负向运动靠近库位的时候，如果达到库位中的规定位

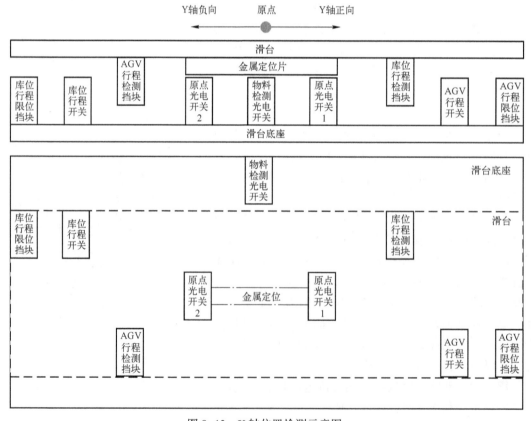

图 8-12　Y 轴位置检测示意图

置,则库位行程检测挡块触发库位行程开关,滑台停止运动,并且只能向 Y 轴正向运动;若滑台继续向 Y 轴负向运动,则库位行程检测挡块与库位行程限位挡块相碰撞,滑台被强行停止。当滑台向 Y 轴正向运动靠近 AGV 小车的时候,如果达到 AGV 的货物交接位置,则 AGV 行程检测挡块触发 AGV 行程开关,滑台停止运动,并且只能向 Y 轴负向运动;若滑台继续向 Y 轴正向运动,则 AGV 行程检测挡块与 AGV 行程限位挡块相碰撞,滑台被强行停止。

2. 码垛机器人控制柜

码垛机器人控制柜用来控制码垛机器人三个轴的运动、检测每个库位中是否有工件以及控制立体仓库的工作流程,其主要由 S7-1215C PLC、SM1221 I/O 模块、G120 变频器和 TP700 触摸屏组成,其外形如图 8-13 所示。

PLC 主要用来检测各个库位是否有工件、接收上位机或用户的控制指令,并通过变频器驱动码垛机器人在货架中取放工件;I/O 扩展模块用来提供系统所必须的 I/O 端子;G120 变频器有 3 个,其控制模块的型号均为 CU240E-2PN,分别用来驱动 X、Y 和 Z 轴的运动;触摸屏用来进行人机交互,用户可以通过触摸屏对立体仓库进行独立控制。

图 8-13 码垛机器人控制柜

8.2 立体仓库的工作原理

立体仓库有两种工作模式——单机模式和联机模式。在单机模式中,用户根据码垛机器人控制柜上触摸屏所显示的各个库位的工件存储情况,选择需要进行出入库操作的库位,然后启动码垛机器人去执行该操作;在联机模式中,立体仓库通过 Modbus TCP 通信,接收机器人工作站主控 PLC 的控制指令,并按照指令的要求,完成相应的出入库操作。

在对立体仓库进行取放工件的操作之前,需要标定码垛机器人的零点位置。因为码垛机器人是通过光电开关和电磁式接近开关来检测并记录各个轴在立体仓库的中的位置,而且码垛机器人控制柜在断电后无法继续保持这些位置数据,故此码垛机器人每次上电都需要重新标定零点位置。

在完成码垛机器人零点位置标定后,便可以选择一个或多个所需取放工件的库位,启动码垛机器人。码垛机器人将按照设定的算法,依次从选择的库位中取出工件送至 AGV 小车,或者从 AGV 小车上接收工件,然后将工件放入规定的库位中。执行完一次完整的工作流程后,码垛机器人回到设定的等待位置,并等待下一次的操作。

当码垛机器人从库位中取工件的时候,Y 轴滑台以略低于该库位的位置进入到库位下部,到达规定的位置后,Z 轴上升,带动 Y 轴滑台将装有工件的托盘抬起,其高度以 Z 轴安装的电磁式接近开关 1 向上恰好离开检测该行库位金属定位片为宜,使托盘向上脱离库位,然后滑台回到 Y 轴原点的位置,并通过物料检测光电开关判断是否已经取到物料。当码垛机器人向库位中放工件的时候,操作原理与上同,仅仅把操作顺序改变即可。码垛机器人与 AGV 小车交换工件的时候,其原理与上面的类似,此处不再详述。

8.3 立体仓库的电路

立体仓库的电路主要有供电电路、立体仓库库位检测电路、码垛机器人各个轴的驱动电路、主控 PLC 电路和人机交互电路，其中码垛机器人各个轴的驱动电路、主控 PLC 电路和人机交互电路通过集线器进行数据交互。人机交互电路为西门子的 TP700 触摸屏，其使用方法在第 3 章中已经详细介绍了，此处不再赘述。

8.3.1 立体仓库供电电路设计

立体仓库供电电路为立体仓库的所有设备提供必需的电能，其输入电源为 AC 380 V，输出电源为 AC 380 V、AC 220 V 和 DC 24 V 三种，如图 8-14 所示（立体仓库部分电路独立于其他电路，故此所有元件符号重新开始标注）。电路输入的 AC 380 V 电源通过开关 QF1 后分为两路：一路通过滤波器 L1 和交流接触器 KM1 后给码垛机器人三个轴的驱动变频器及 X 和 Z 轴电动机制动装置供电，另外一路通过隔离变压器 T1 将其转换为 AC 220 V，为 Y 轴电动机制动和开关电源供电；开关电源输出 DC 24 V 电源，为 PLC、I/O 模块以及各种传感器供电。

立体仓库的急停部分电路由中间继电器 KA2、急停按钮 SB3、立体仓库工作模式切换旋钮开关 SA1 和外部急停按钮 SB4 组成。当立体仓库工作在单机模式下时，SA1 闭合，立体仓库仅由急停按钮 SB3 控制，断开 SB3 切断中间继电器 KA2 的供电，从而接通 KA2 的常闭触点，向 PLC 输入急停信号；当立体仓库工作在联机模式下时，SA1 断开，立体仓库受到急停按钮 SB3 和 SB4 双重控制，无论是断开 SB3 还是断开 SB4，都可以切断中间继电器 KA2 的供电，从而接通 KA2 的常闭触点，向 PLC 输入急停信号。

变频器的供电控制电路由启动按钮 SB1、停止按钮 SB2、启动继电器 KA5、停止继电器 KA6、码垛机器人 X 轴和 Z 轴超限位信号检测继电器 KA1、超限位解除继电器 KA7、急停检测继电器 KA2 以及变频器供电交流接触器 KM1 线圈组成，如图 8-14 所示。当手动按下 SB1 或者程序控制 KA5 使能的时候，KM1 线圈得电，形成自锁并给变频器供电，变频器供电指示灯 SB1HL 点亮；当 SB2 按下或程序控制 KA6 使能的时候，KM1 线圈失电，停止给变频器供电，变频器断电指示灯 SB2HL 点亮；当 KA2 被触发的时候，KM1 线圈也停止工作；当码垛机器人 X 轴的限位信号 SQ1 或 SQ4、Z 轴的限位信号 SQ5 或 SQ8 被触发的时候，KM1 线圈也停止工作，并且只有当 KA7 使能的时候，才可以使得码垛机器人解除超限位状态。

8.3.2 库位检测电路设计

在立体仓库的货架中，每个库位均安装有微动开关，用来检测该库位是否有工件存储，即为库位检测电路。微动开关具有常开和常闭两种触点，此处选用常开触点来检测库位中是否有工件存储。当库位中有工件存储的时候，微动开关被触发，常开触点闭合，对应的 PLC 数字输入端口输入高电平；当库位中没有工件存储的时候，微动开关复位，常开触点断开，对应的 PLC 输入端口输入低电平。货架中共有 28 个库位，每个库位均安装了一个微动开关，故此需要 28 个 I/O 信号来采集库位中的工件存储状态，其信号分配见表 8-1。

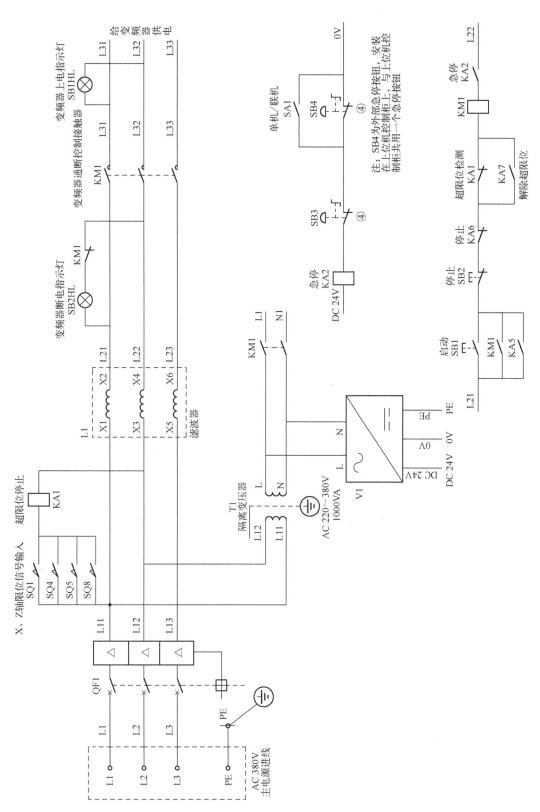

图8-14 立体仓库供电电路图

表 8-1　微动开关的位置与 PLC 输入端子信号分配表

行＼列	1	2	3	4	5	6	7
1	I3.3	I3.7	I4.3	I4.7	I5.3	I5.7	I6.3
2	I3.2	I3.6	I4.2	I4.6	I5.2	I5.6	I6.2
3	I3.1	I3.5	I4.1	I4.5	I5.1	I5.5	I6.1
4	I3.0	I3.4	I4.0	I4.4	I5.0	I5.4	I6.0

在表 8-1 中，行代表微动开关所在库位在货架中的行号，列代表微动开关所在库位在货架中的列号，行列的定义如图 8-1 所示，行列交叉点的 PLC 输入端子号则代表该库位微动开关所分配的 I/O 信号。微动开关的电路如图 8-15 所示，微动开关符号后的数字代表其所在库位的位置，如微动开关 SQ26，其安装在货架中的第 2 行第 6 列的库位中，其他的依此类推，不再详述。

26　码垛机器人的结构与 X 轴和 Z 轴驱动

8.3.3　码垛机器人 X 轴驱动电路设计

码垛机器人在 X 轴的驱动电路由电动机驱动电路和位置检测电路构成，电动机驱动电路通过 G120 变频器来驱动电动机的运动，如图 8-16 所示；位置检测电路用来检测 X 轴的位置，并通过控制 PLC 来记录码垛机器人运动到货架的哪一列库位处，如图 8-17 所示。

X 轴变频器通过交流接触器 KM1 输出端供电，通过 PROFINET I/O 端口接收 PLC 的控制信号，并由 PLC 驱动中间继电器 KA9 控制变频器的停止，变频器的故障信号由其输出继电器 2 的常闭触点发送至 PLC 的 I2.4 端子。当变频器接收到停止信号后，驱动电动机抱闸继电器 KA3 工作，将该轴电动机主轴抱死，防止电动机受到外力而转动。X 轴电动机抱闸供电是从 KM1 输出端引出的 AC 380 V 电源，如图 8-16 所示。

码垛机器人在 X 轴的位置检测传感器有 7 个，分别是用来进行极限行程检测的 SQ1～SQ4 和行方向库位中心位置检测传感器 S1～S3，如图 8-7 所示。其中 SQ1 和 SQ4 提供的限位信号为不允许码垛机器人在 X 轴方向到达的位置，如果触发这两个信号，码垛机器人在 X 轴方向的运动将停止，而且必须在超限位解除继电器 KA7 协助下才能够返回在 X 轴方向设定的运动范围，其电路如图 8-14 所示；SQ2 和 SQ3 提供的限位信号为允许码垛机器人在 X 轴方向到达位置的极限位置，如果触发这两个信号，码垛机器人在 X 轴方向的运动将停止，而且只能向着相反方向运动；行方向库位中心位置检测传感器 S1～S3 分别对应电磁式接近开关 1～3，用来检测码垛机器人在 X 轴正向运动的时候是否到达某一列库位中心，其电路及 I/O 信号分配如图 8-17 所示。

8.3.4　码垛机器人 Z 轴驱动电路设计

码垛机器人在 Z 轴的驱动电路与 X 轴驱动电路相似，由电动机驱动电路和位置检测电路构成，电动机驱动电路通过 G120 变频器来驱动电动机的运动，如图 8-18 所示；位置检测电路用来检测 Z 轴的位置，并通过控制 PLC 来记录码垛机器人运动到货架的哪一行库位处，如图 8-19 所示。

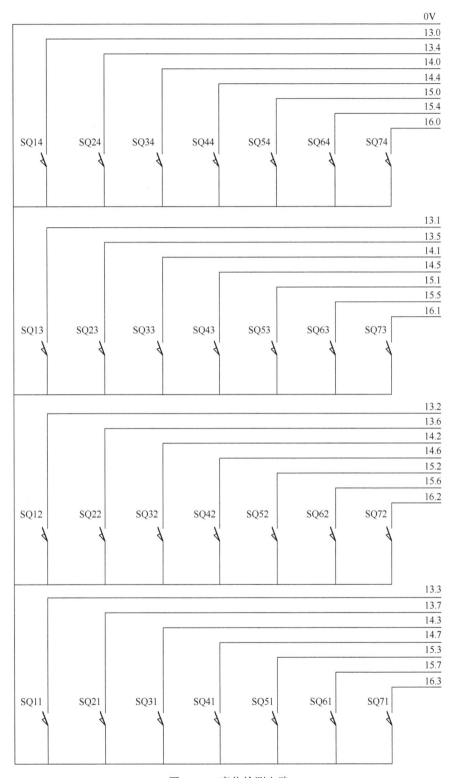

图 8-15 库位检测电路

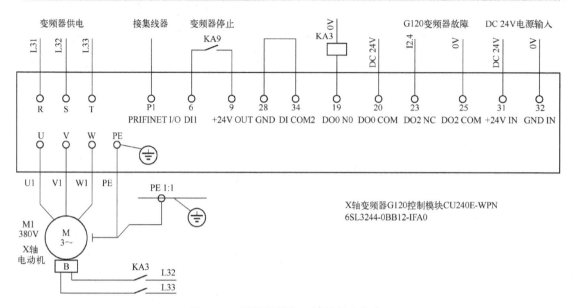

图 8-16 码垛机器人 X 轴的驱动电路

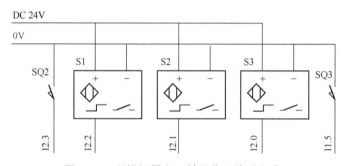

图 8-17 码垛机器人 X 轴的位置检测电路

　　Z 轴变频器通过交流接触器 KM1 输出端供电，通过 PROFINET I/O 端口接收 PLC 的控制信号，并由 PLC 驱动中间继电器 KA9 控制变频器的停止，变频器的故障信号由其输出继电器 2 的常闭触点发送至 PLC 的 I2.5 端子。当变频器接收到停止信号后，驱动电动机抱闸继电器 KA4 工作，将该轴电动机主轴抱死，防止电动机受到外力而转动。Z 轴电动机抱闸供电是从 KM1 输出端引出的 AC 380 V 电源，如图 8-18 所示。

　　码垛机器人在 Z 轴的位置检测传感器有 7 个，分别是用来进行极限行程检测的 SQ5~SQ8 和列方向库位底部位置检测传感器 S4~S6，如图 8-10 所示。其中 SQ5 和 SQ8 提供的限位信号为不允许码垛机器人在 Z 轴方向到达的位置，如果触发这两个信号，码垛机器人在 Z 轴方向的运动将停止，而且必须在超限位解除继电器 KA7 协助下才能够返回在 Z 轴方向设定的运动范围，其电路如图 8-14 所示；SQ6 和 SQ7 提供的限位信号为允许码垛机器人在 Z 轴方向到达位置的极限位置，如果触发这两个信号，码垛机器人在 Z 轴方向的运动将停止，而且只能向着相反方向运动；列方向库位底部位置检测传感器 S4~S6 分别对应电磁式接近开关 4~6，用来检测码垛机器人在 Z 轴方向运动的时候是否到达某一列库位底部，其电路及 I/O 信号分配如图 8-19 所示。

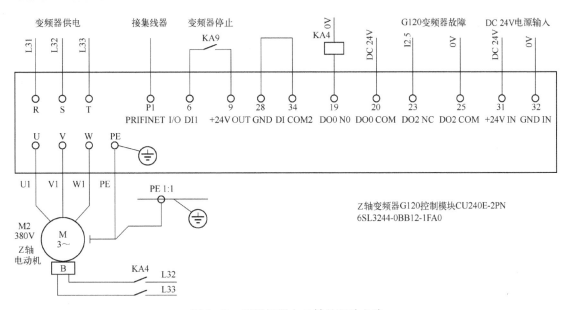

图 8-18　码垛机器人 Z 轴的驱动电路

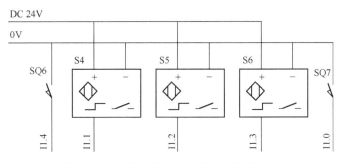

图 8-19　码垛机器人 Z 轴的位置检测电路

8.3.5　码垛机器人 Y 轴驱动电路设计

27　码垛机器人
Y 轴驱动与
系统联动

码垛机器人在 Y 轴的驱动电路与 X 轴和 Z 轴驱动电路
相似，由电动机驱动电路和位置检测电路构成，电动机驱
动电路通过 G120 变频器来驱动电动机的运动，如图 8-20 所示；位置检测电路用来检测 Y
轴的位置，如图 8-21 所示。

Y 轴变频器通过交流接触器 KM1 输出端供电，通过 PROFINET I/O 端口接收 PLC 的控
制信号，并由 PLC 驱动中间继电器 KA10 控制变频器的停止，变频器的故障信号由其输出继
电器 2 的常闭触点发送至 PLC 的 I2.6 端子。当变频器接收到停止信号后，驱动电动机抱闸
继电器 KA8 工作，将该轴电动机主轴抱死，防止电动机受到外力而转动。Y 轴电动机抱闸
供电是从隔离变压器 T1 输出端引出的 AC 220 V 电源，如图 8-20 所示。

码垛机器人在 Y 轴的位置检测传感器有 5 个，如图 8-12 所示，其中库位行程开关为
SQ9，AGV 行程开关为 SQ10，原点光电开关 1 和 2 分别对应光电开关 S7 和 S8，物料检测光
电开关为 S0，其电路及 I/O 信号分配如图 8-21 所示。

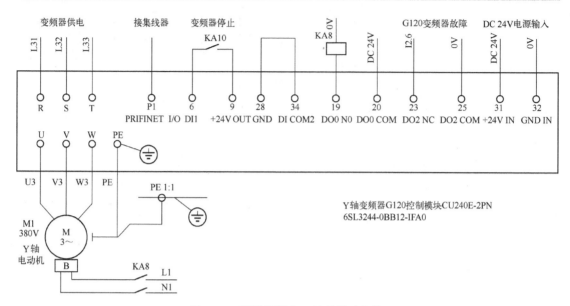

图 8-20　码垛机器人 Y 轴的驱动电路

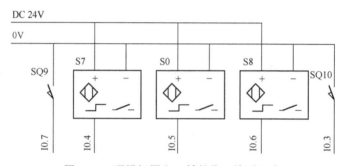

图 8-21　码垛机器人 Y 轴的位置检测电路

8.3.6　主控 PLC 电路设计

码垛机器人主控 PLC 主要用来接收上位机指令，驱动码垛机器人运动，并实时监测立体仓库的状态，本书中所用 PLC 为 S7-1215C DC/DC/DC，其使用方法在第 2 章中已经详细介绍过，此处不再赘述。根据立体仓库及码垛机器人控制的需要，设计电路如图 8-22 所示。PLC 的数字输入端子使用了 DIa.0~DIa.7 和 DIb.0~DIb.4 等 13 个端子，分别用于急停信号（KA2 的常闭触点）输入、码垛机器人上电状态信号（KM1 的辅助常开触点）输入、X 轴和 Z 轴超限位检测信号（超限位检测继电器 KA1 的常开触点）输入、码垛机器人 Y 轴位置检测信号输入、码垛机器人 Z 轴位置检测信号输入和 X 轴位置检测信号输入，其电路及 I/O 信号分配如图 8-22 所示。PLC 的数字输出端子使用了 DQa.0~DQa.7、DQb.0 和 DQb.1 等 9 个端子，分别用于立体仓库三色报警灯 HL3 的驱动、立体仓库启动继电器 KA5 的驱动、立体仓库停止继电器 KA6 的驱动、超限位解除继电器 KA7 的驱动、报警指示灯 HL1 的驱动、急停指示灯 HL2 的驱动、X 轴与 Z 轴变频器停止继电器 KA9 的驱动和 Y 轴变频器停止继电器 KA10 的驱动，其电路及 I/O 信号分配如图 8-22 所示。

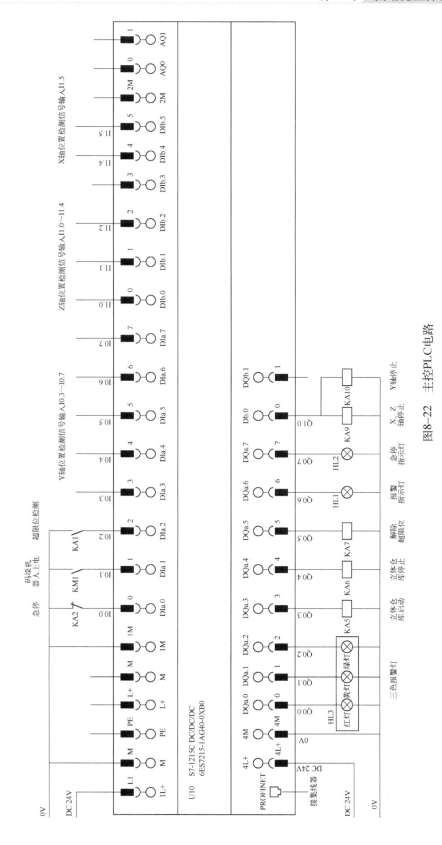

图8-22 主控PLC电路

8.3.7 扩展 I/O 电路设计

由于 PLC 的数字输入和输出端子数目有限，不能够满足立体仓库控制电路设计的需要，故此处采用三块 SM1221 I/O 模块对 PLC 的 I/O 端子进行扩展。在扩展的第一块 SM1221 U11 中，其所有端子均被使用，用于码垛机器人 X 轴位置检测信号输入、码垛机器人三个轴报警信号的输入、立体仓库工作模式的选择和立体仓库库位微动开关信号 I3.0～I3.7 的输入，其电路及 I/O 信号分配如图 8-23 所示。

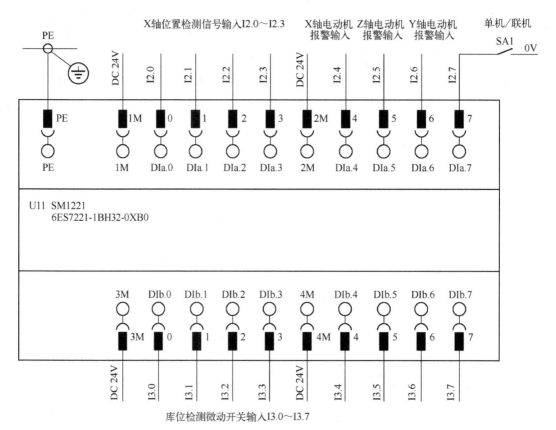

图 8-23　SM1221 I/O 模块 U11 电路

在扩展的第二块 SM1221 U12 中，其所有端子均被使用，用于立体仓库库位微动开关信号 I4.0～I4.7 和 I5.0～I5.7 的输入，其电路及 I/O 信号分配如图 8-24 所示。

在扩展的第三块 SM1221 U13 中，其部分端子被使用，用于立体仓库库位微动开关信号 I6.0～I6.3 的输入，其电路及 I/O 信号分配如图 8-25 所示。

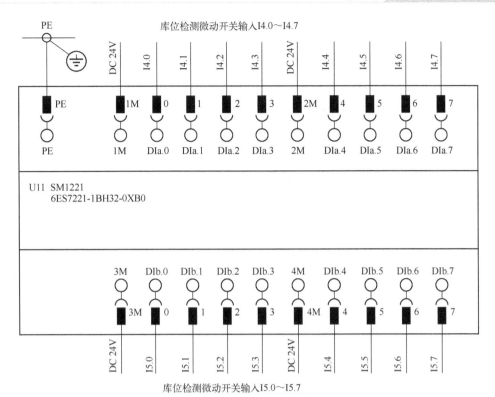

图 8-24　SM1221 I/O 模块 U12 电路

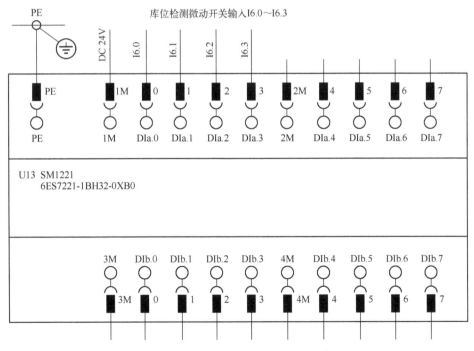

图 8-25　SM1221 I/O 模块 U13 电路

8.4 立体仓库程序设计

码垛机器人具有 X、Y 和 Z 三个轴，其中 X 轴和 Z 轴的机械结构、驱动电路以及位置检测电路相似，因此其驱动程序相同；Y 轴的机械结构和位置检测电路与 X、Z 轴的不同，但其驱动电路类似，因此本节将从 X 轴驱动程序设计、Y 轴驱动程序设计和多轴联动程序设计等几方面来学习立体仓库的程序设计，Z 轴驱动程序设计参考 X 轴的即可。

8.4.1 码垛机器人 X 轴驱动程序设计

从实际应用的角度来说，码垛机器人在 X 轴的运动可以分为点动操作、回原点操作和自动定位操作。点动操作用于驱动码垛机器人在 X 轴方向上运动到其工作行程的任意位置，回原点操作用于驱动码垛机器人运动到第一列库位中心处，自动定位操作用于驱动码垛机器人运动到立体仓库中指定的列库位中心处。

在对 X 轴驱动程序设计之前，需要先配置 X 轴变频器的相关参数，由于 Z 轴变频器参数与 X 轴相同，故此 X 轴和 Z 轴的变频器参数配置见表 8-2，详细的配置过程请参考 4.5.2 节的相关内容。

表 8-2　码垛机器人 X 轴和 Z 轴变频器参数配置表

序号	参数名称	参数设定值	操作
1	变频器运行方式	P1300=0	线性 V/F 控制
2	电动机和变频器功率设置	P0100=0	确认电动机和变频器的功率设置是以 kW 还是 hp 为单位表示 0：IEC 电动机（50 Hz，SI 单位）
3	电动机额定电压	P0304=380	设定电动机的额定电压为 380 V
4	电动机额定电流	P0305=0.8	设定电动机的额定电流为 0.8 A
5	电动机额定功率	P0307=0.4	设定电动机的额定功率为 0.4 kW
6	电动机额定转速	P0311=1350	设定电动机的额定转速为 1350 r/min
7	电动机检测和转速测量	P1900=0	该功能被禁止
8	宏文件驱动设备	P0015=7	设定电动机按照宏文件 7 进行工作
9	电动机最小转速	P1080=0	设定电动机的最小转速为 0
10	电动机最大转速	P1082=1500	设定电动机的最大转速为 1500 r/min
11	斜坡发生器上升时间	P1120=0.5	设定电动机的升速时间为 0.5 s
12	斜坡发生器下降时间	P1121=0.5	设定电动机的降速时间为 0.5 s
13	命令源选择	P0700=6	设置命令源为现场总线
14	DO0 信号源设定	P0730=52.2	继电器输出 DO0：变频器运行使能（抱闸解除信号输出）
15	端子 DO2 的信号源	P0732=52.3	设定端子 DO2（23/25 常闭）为变频器故障输出
16	停车命令指令源 2	P845[0]=722.1	数字量输入 DI1 定义为 OFF2 命令
17	PZD 报文选择	P0922=1	PLC 与变频器通信采用标准报文 1
18	转速设定值选择	P1000[0]=6	总线作为频率给定源
19	主设定值	P1070[0]=r2050.1	总线控制：变频器接收的第 2 个过程值作为速度设定值
20	设定值取反	P1113[0]=r2090.11	总线控制：位 11 作为电动机反向命令
21	通信方式设置	P2030=7	PROFINET 通信

码垛机器人 Y 轴电动机的额定电流为 0.65 A,其余参数与 X 轴和 Z 轴的相同,因此 Y 轴变频器参数设置可以参考表 8-2 进行设置,仅需要将 P0305 参数改为 0.65 即可。

X 轴变频器配置完毕后,便可以设计其驱动程序。为了便于控制 X 轴的运动,在控制柜上的触摸屏中设计了相应的操作界面,如图 8-26 所示。

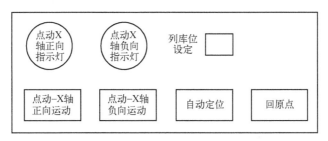

图 8-26 码垛机器人 X 轴运动控制界面

在图 8-26 中,"点动-X 轴正向运动"和"点动-X 轴负向运动"按键用来控制码垛机器人在 X 轴方向上的点动操作,"点动-X 轴正向指示灯"和"点动-X 轴负向指示灯"用来指示码垛机器人在 X 轴方向上的点动状态,当码垛机器人在 X 轴正向上点动运动时,"点动-X 轴正向指示灯"点亮,反之则熄灭;当码垛机器人在 X 轴负向上点动运动时,"点动-X 轴负向指示灯"点亮,反之则熄灭。"列库位设定"用来设定需要到达的列库位,其取值范围为 1~7。"自动定位"按键用来控制码垛机器人运动到设定的列库位中心处。"回原点"按键则用于码垛机器人自动回到第一列库位中心处,由于码垛机器人不具备原点记忆功能,若系统断电后,要进行自动定位操作,则需要先执行回原点操作,使得码垛机器人各轴回到原点,以原点位置为参考,才能够正确执行自动定位操作。

打开 TIA 博途软件,按照第 2 章和第 3 章的步骤建立项目,添加并组态 S7-1215C PLC 和 TP700 触摸屏,并为 PLC 添加三个 I/O 扩展模块。其中两个扩展模块为 16 路数字输入模块,其型号为 SM1221 16×24 V DC,订货号为 6ES7 221-1BH32-0XB0,另外一个扩展模块为 8 路数字输入模块,其型号为 SM1221 DI8×24 V DC,订货号为 6ES7 221-1BF32-0XB0。逐次将其 I/O 扩展模块的起始地址改为 2、4 和 6,如图 8-27 所示。

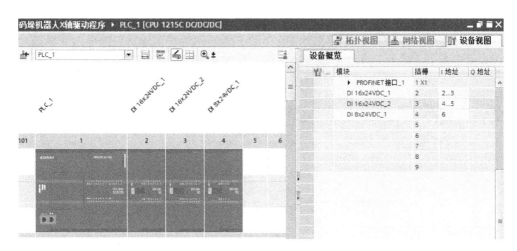

图 8-27 PLC 的 I/O 扩展模块及其地址分配

然后按照第4章4.5.2节的步骤为项目添加G120变频器，用于驱动码垛机器人的X轴运动，并按照该节的操作步骤为该变频器添加通信模块；然后在PLC变量表中新建驱动程序所需的变量——点动-X轴正向运动、点动-X轴负向运动、点动-X轴正向指示灯、点动-X轴负向指示灯、自动定位、列库位设定和回原点，详细的变量分配如图8-28所示。程序中用到的其他变量将在程序设计的时候根据需要定义，此处不再详述。

		名称	数据类型	地址	保持	在 H...	可从 ...
1		X轴正向指示灯	Bool	%M0.0		☑	☑
2		X轴负向指示灯	Bool	%M0.1		☑	☑
3		点动-X轴正向运动	Bool	%M0.2	☑	☑	☑
4		点动-X轴负向运动	Bool	%M0.3		☑	☑
5		列库位设定	Int	%MW1		☑	☑
6		自动定位	Bool	%M0.4		☑	☑
7		回原点	Bool	%M0.5		☑	☑

图 8-28　X 轴驱动变量分配表

根据图8-26所示，在触摸屏的根画面中建立驱动所需的控制元件，并将其和PLC变量相连接，结果如图8-29所示（具体操作参考第3章的内容）。

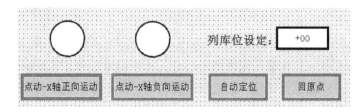

图 8-29　X 轴运动控制触摸屏设计界面

1. 点动程序设计

当按下触摸屏上"点动-X轴正向运动"按键后，M0.2置位，当P_TRIG指令检测到M0.2的上升沿的时候，MOVE指令向变频器的控制字QW68中写入16#0C7F，使得X轴可以沿着正向运动，然后向变频器的速度设定字QW70中写入速度数据6000，用来调节X轴的速度，此时X轴便可以沿着正向以设定的速度运动。当松开"点动-X轴正向运动"按键后，M0.2复位，当N_TRIG指令检测到M0.2的下降沿的时候，MOVE指令向变频器的控制字QW68中写入16#047E，使得X轴运动停止，如图8-30所示。

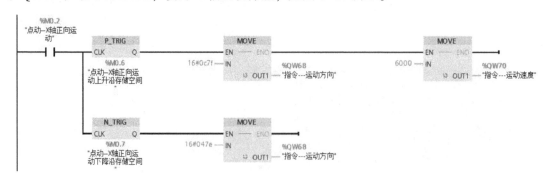

图 8-30　码垛机器人 X 轴正向点动程序

当按下触摸屏上"点动-X轴负向运动"按键后，M0.3置位，当P_TRIG指令检测到M0.3的上升沿的时候，MOVE指令向变频器的控制字QW68中写入16#047F，使得X轴可以沿着负向运动，然后向变频器的速度设定字QW70中写入速度数据6000，此时X轴便可以沿着负向以设定的速度运动。当松开"点动-X轴负向运动"按键后，M0.3复位，当N_TRIG指令检测到M0.3的下降沿的时候，MOVE指令向变频器的控制字QW68中写入16#047E，使得X轴运动停止，如图8-31所示。

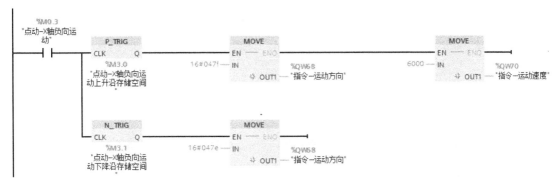

图8-31 码垛机器人X轴负向点动程序

另外，当码垛机器人X轴运动的时候，"X轴正向指示灯"和"X轴负向指示灯"均按要求被点亮，如图8-32所示。

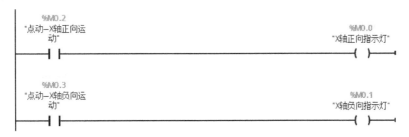

图8-32 码垛机器人X轴点动运行指示灯程序

将PLC和触摸屏的配置及程序分别下载到相应的设备，启动设备后便可以通过触摸屏控制码垛机器人在X轴方向的点动操作，并且指示灯可以按照设定程序正常工作。

2. 回原点程序设计

码垛机器人X轴的回原点操作可以分为两步来进行，第一步使得码垛机器人沿着X轴负向运动，一直到负向的极限位置，在X轴原点限位处行程开关2被触发，如图8-7所示，此时X轴停止向负向运动，并给X轴电动机一定的缓冲时间；然后便进行第二步操作，使得码垛机器人沿着X轴正向运动，一直运动到电磁接近开关3检测到第1列库位中心金属定位片时，便到达原点位置，并立即停止。

当按下触摸屏上"回原点"按键后，M0.5常开触点闭合，"回原点-置位点"M3.2被置位，保持码垛机器人X轴的回原点操作状态不变，如图8-33所示。

先执行第一步操作，使得X轴运动到负向的极限位置。M3.2常开触点闭合，"回原点-到达限位"状态位M3.3常闭触点闭合，而且码垛机器人没有到达X轴负向极限位置，故此原点限位处行程开关2没有被触发，无信号输出，因此与行程开关2连接的数字输入端子

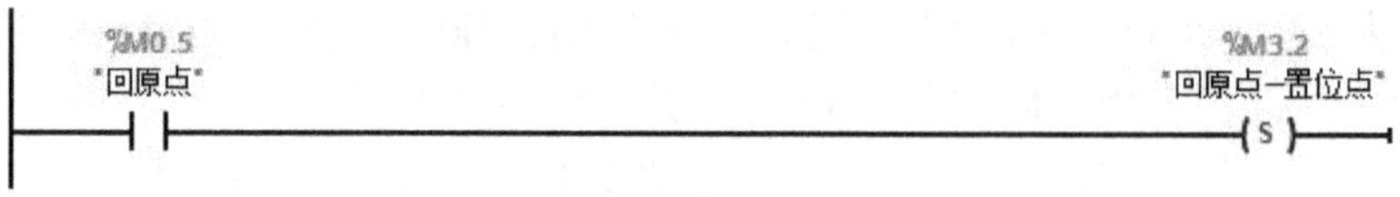

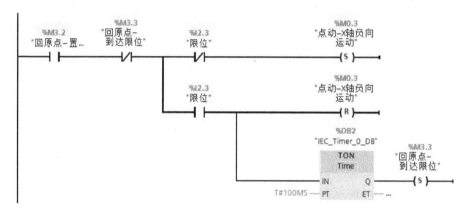

图 8-33　触发 X 轴回原点操作并锁定其状态

I2.3 常闭触点闭合，从而置位 M0.3，使得码垛机器人沿着 X 轴负向运动。当码垛机器人到达 X 轴负向限位处后，行程开关 2 被触发，因此 I2.3 常开触点闭合，M0.3 被复位，码垛机器人停止向 X 轴负向运动，并同时延时 100 ms，然后将"回原点-到达限位"状态位 M3.3 置位，从而禁止码垛机器人继续向 X 轴负向运动。其驱动程序如图 8-34 所示。

图 8-34　码垛机器人沿 X 轴负向运动到极限位置程序

　　然后执行第二步操作，使得码垛机器人沿着 X 轴正向运动，使其到达立体仓库第一列的中心位置。码垛机器人检测列库位的传感器有三个，当码垛机器人向着 X 轴正向运动的时候，只有电磁式接近开关 3 检测到信号的时候，其才真正到达列库位的中心位置，如图 8-7 所示。当"回原点-到达限位"状态位 M3.3 常开触点闭合，数字输入端子 I2.2 没有检测到电磁式接近开关 3 的输出信号时，M0.2 被置位，码垛机器人沿着 X 轴正向运动；当 I2.2 检测到电磁式接近开关 3 的输出信号时，其常开触点闭合，M0.2 被复位，码垛机器人停止向 X 轴正向运动，并同时复位 M3.2 和 M3.3，码垛机器人此时已经回到了原点，其程序如图 8-35 所示。

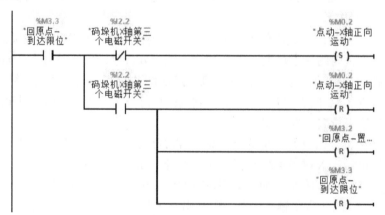

图 8-35　码垛机器人沿 X 轴正向运动到原点程序

下载 PLC 程序，启动设备后便可以通过触摸屏控制码垛机器人 X 轴的回原点操作，并且指示灯将按照设定程序正常工作。

3. 自动定位程序设计

自动定位操作用来控制码垛机器人运动到设定的列库位中心处，其控制过程可以分为两部分，即列库位计算和自动定位运动。列库位计算用来计算码垛机器人 X 轴当前的具体位置（位于列库位的哪一列），而自动定位运动则根据列库位计算的结果，驱动码垛机器人沿着 X 轴的正向或者负向运动，从而到达所设定的列库位中心处。

在列库位计算中，若码垛机器人沿着 X 轴正向运动，则用电磁式接近开关 3 来检测其是否到达某一列的中心处；若码垛机器人沿着 X 轴负向运动，则用电磁式接近开关 1 来检测其是否到达某一列的中心处，如图 8-7 所示。电磁式接近开关 1 和 3 分别与 PLC 的数字输入端子 I2.0 和 I2.2 连接，故此列库位计算程序如图 8-36 所示。当电磁式接近开关 3 检测到信号的时候，输入到 I2.2，仅在信号的上升沿检测一次，然后将常量 16#0C7F 与变频器的控制字 QW68 进行比较，若两者的数据相同，则证明码垛机器人是沿着 X 轴正向运动，计数器输出结果 MW4 增加 1。当电磁式接近开关 1 检测到信号的时候，输入到 I2.0，仅在信号的上升沿检测一次，然后将常量 16#047F 与变频器的控制字 QW68 进行比较，若两者的数据相同，则证明码垛机器人是沿着 X 轴负向运动，计数器输出结果 MW4 减少 1。

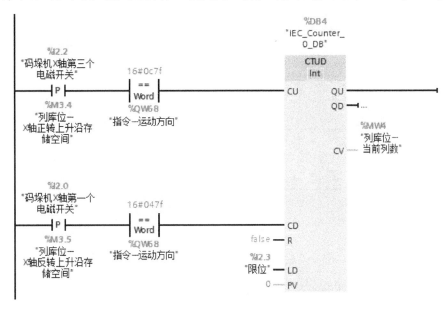

图 8-36　码垛机器人列库位计算程序

当按下触摸屏上"自动定位"按键后，M0.4 常开触点闭合，"自动定位-置位点" M3.6 被置位，保持码垛机器人 X 轴的自动定位操作状态不变，如图 8-37 所示。

图 8-37　触发 X 轴自动定位操作并锁定其状态

当 M3.6 置位后，其常开触点闭合，而且"列库位–当前列数"MW4 大于 0，"列库位设定"MW1 小于 8，并且列库位设定值大于当前列数，即 MW1 大于 MW4 时，则置位 M0.2，驱动码垛机器人向着 X 轴正向运动；当列库位设定值小于当前列数，即 MW1 小于 MW4 时，则置位 M0.3，驱动码垛机器人向着 X 轴负向运动；当列库位设定值等于当前列数，即 MW1 等于 MW4 时，表明已经到达设定的列库位中心处，则复位 M0.2 和 M0.3，使得驱动码垛机器人停止运动，其驱动程序如图 8-38 所示。

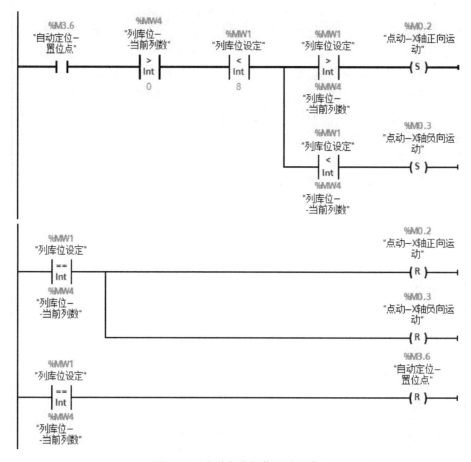

图 8-38　自动定位操作驱动程序

下载程序到 PLC，启动设备后便可以通过触摸屏控制码垛机器人 X 轴的自动定位操作，并且指示灯将按照设定程序正常工作。

8.4.2　码垛机器人 Y 轴驱动程序设计

码垛机器人 Y 轴在运动的时候仅需要精确到达三个位置——原点位置、库位中规定位置和与 AGV 小车的货物交接位置，因此 Y 轴的运动有四种，分别为点动、回原点、自动运动到 Y 轴正向限位处（与 AGV 小车的货物交接位置）和自动运动到 Y 轴负向限位处（库位中规定位置）。点动用来手动控制 Y 轴的运动，回原点用来使 Y 轴复位，自动运动到 Y 轴正向限位处和自动运动到 Y 轴负向限位处用来实现工件的出入库操作。为了便于控制 Y 轴的运动，在控制柜的触摸屏中设计了相应的操作界面，如图 8-39 所示。

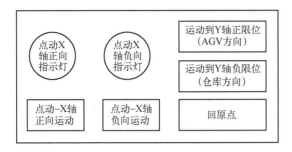

图 8-39 码垛机器人 Y 轴运动控制界面

在图 8-39 中,"点动-Y 轴正向运动"和"点动-Y 轴负向运动"按键用来控制码垛机器人在 Y 轴方向上的点动操作,"点动-Y 轴正向指示灯"和"点动-Y 轴负向指示灯"用来指示码垛机器人在 Y 轴方向上的点动状态,当码垛机器人在 Y 轴正向上点动运动时,"点动-Y 轴正向指示灯"点亮,反之则熄灭;当码垛机器人在 Y 轴负向上点动运动时,"点动-Y 轴负向指示灯"点亮,反之则熄灭。"运动到 Y 轴正限位(AGV 方向)"按键用来控制码垛机器人 Y 轴运动到与 AGV 小车的货物交接位置,"运动到 Y 轴负限位(仓库方向)"按键用来控制码垛机器人 Y 轴运动到库位中规定位置。"回原点"按键则用于码垛机器人自动回到 Y 轴的原点位置。

打开 TIA 博途软件,按照 8.4.1 节的步骤建立项目,添加并组态 S7-1215C PLC、G120 变频器和 TP700 触摸屏,并且对其进行配置,然后在 PLC 变量表中新建驱动程序所需的变量——点动-Y 轴正向运动、点动-Y 轴负向运动、点动-Y 轴正向指示灯、点动-Y 轴负向指示灯、运动到 Y 轴正限位、运动到 Y 轴负限位和回原点,详细的变量分配如图 8-40 所示。

		名称	数据类型	地址	保持	在 H...	可从 ...	...
1		点动—Y轴正向指示灯	Bool	%M0.0		✔	✔	
2		点动—Y轴负向指示灯	Bool	%M0.1		✔	✔	
3		点动—Y轴正向运动	Bool	%M0.2		✔	✔	
4		点动—Y轴负向运动	Bool	%M0.3		✔	✔	
5		运动到Y轴正限位(AGV方向...	Bool	%M0.4		✔	✔	
6		运动到Y轴负限位(仓库方...	Bool	%M0.5		✔	✔	
7		回原点	Bool	%M0.6		✔	✔	

默认变量表

图 8-40 Y 轴驱动变量分配表

根据图 8-39 所示,在触摸屏的根画面中建立驱动所需的控制元件,并将其和 PLC 变量相连接,结果如图 8-41 所示(具体操作参考 8.4.1 节的内容)。

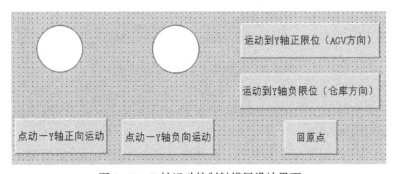

图 8-41 Y 轴运动控制触摸屏设计界面

1. 点动程序设计

Y 轴的点动驱动程序设计与 X 轴类似，当在触摸屏上按下"点动–Y 轴正向运动"按键时，M0.2 常开触点闭合，当 P_TRIG 指令检测到 M0.2 的上升沿的时候，MOVE 指令向变频器的控制字 QW76 中写入 16#0C7F，使得 Y 轴可以沿着正向运动，然后向变频器的速度设定字 QW78 中写入速度数据 6000，此时 Y 轴便可以沿着正向以设定的速度运动。当松开"点动–Y 轴正向运动"按键后，M0.2 复位，当 N_TRIG 指令检测到 M0.2 的下降沿的时候，MOVE 指令向变频器的控制字 QW76 中写入 16#047E，使得 Y 轴运动停止。Y 轴正向点动程序如图 8-42 所示。

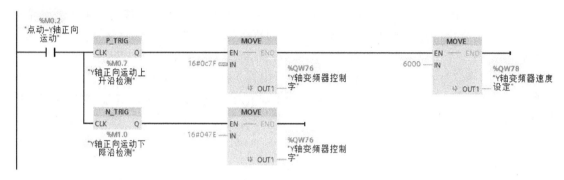

图 8-42　Y 轴正向点动运动控制程序

当在触摸屏上按下"点动–Y 轴负向运动"按键时，M0.3 常开触点闭合，当 P_TRIG 指令检测到 M0.3 的上升沿的时候，MOVE 指令向变频器的控制字 QW76 中写入 16#047F，使得 Y 轴可以沿着负向运动，然后向变频器的速度设定字 QW78 中写入速度数据 6000，此时 Y 轴便可以沿着负向以设定的速度运动。当松开"点动–Y 轴负向运动"按键后，M0.3 复位，当 N_TRIG 指令检测到 M0.3 的下降沿的时候，MOVE 指令向变频器的控制字 QW76 中写入 16#047E，使得 Y 轴运动停止。Y 轴负向点动程序如图 8-43 所示。

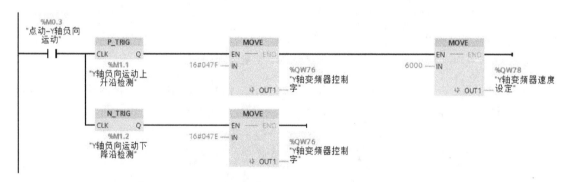

图 8-43　Y 轴负向点动运动控制程序

另外，当码垛机器人 Y 轴运动的时候，"Y 轴正向指示灯"和"Y 轴负向指示灯"均按要求被点亮，如图 8-44 所示。

将 PLC 和触摸屏的配置及程序分别下载到相应的设备，启动设备后便可以通过触摸屏控制码垛机器人 Y 轴的点动操作，并且指示灯将按照设定程序正常工作。

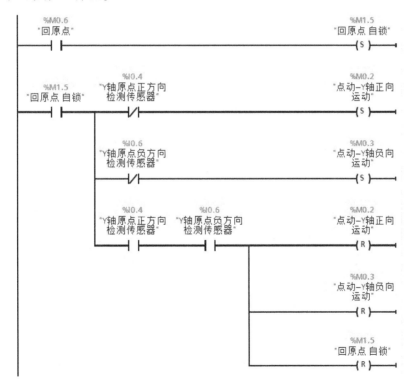

图 8-44　码垛机器人 Y 轴点动运行指示灯程序

2. 回原点程序设计

码垛机器人 Y 轴的回原点操作可以分为三种情况进行判断，当 Y 轴处于立体仓库一方时，金属定位片将原点光电开关 2 的光路阻挡，而原点光电开关 1 的光路没有被阻挡，故此原点光电开关 1 无信号，原点光电开关 2 有信号；当 Y 轴处于 AGV 小车一方时，情况正好相反，原点光电开关 1 有信号，原点光电开关 2 无信号；当 Y 轴处于原点位置时，两个光电开关均被阻挡，故此原点光电开关 1 和 2 都有信号，Y 轴原点位置检测示意图如图 8-12 所示。

当按下触摸屏上"回原点"按键后，M0.6 常开触点闭合，"回原点-置位点"M1.5 被置位，保持码垛机器人 Y 轴的回原点操作状态不变，如图 8-45 所示。M1.5 常开触点闭合状态下，当原点光电开关 1 无信号输入 PLC 的数字输入端子 I0.4 时，置位 M0.2，使得码垛机器人沿着 Y 轴正向运动；当原点光电开关 2 无信号输入 PLC 的数字输入端子 I0.6 时，置位 M0.3，使得码垛机器人沿着 Y 轴负向运动。当 Y 轴到达原点位置后，原点光电开关 1 和 2 均有信号输出，故此 I0.4 和 I0.6 同时闭合，从而将 M0.2、M0.3 和 M1.5 复位，使得码垛机器人 Y 轴在原点位置停止。

图 8-45　码垛机器人 Y 轴回原点驱动程序

将程序下载到 PLC，启动设备后便可以通过触摸屏控制码垛机器人 Y 轴的回原点操作，并且指示灯将按照设定程序正常工作。

3. 运动到 Y 轴正限位

当码垛机器人需要从 AGV 小车取放货物的时候，码垛机器人的 Y 轴需要运动到正方向的限位处。当按下触摸屏上的"运动到 Y 轴正限位（AGV 方向）"按键后，M0.4 常开触点闭合，M1.3 被置位，保持码垛机器人 Y 轴沿正方向运动的操作状态不变，如图 8-46 所示。当 M1.3 常开触点闭合时，如果 Y 轴正方向位置检测传感器——AGV 小车行程开关没有检测到信号，则 I0.3 常闭触点闭合，从而置位 M0.2，使得 Y 轴向正方向运动；如果 Y 轴正向位置检测传感器检测到信号，证明 Y 轴到达正方向限位处，因此 I0.3 常开触点闭合，复位 M0.2 和 M1.3，使得 Y 轴运动停止。

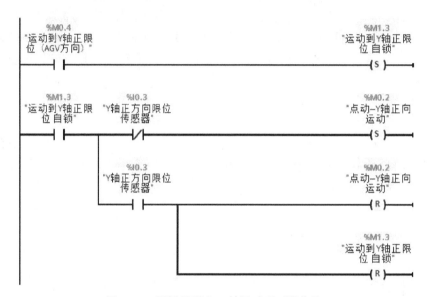

图 8-46　码垛机器人 Y 轴运动到正限位处

将程序下载到 PLC，启动设备后便可以通过触摸屏控制码垛机器人 Y 轴运动到正限位的操作，并且指示灯将按照设定程序正常工作。

4. 运动到 Y 轴负限位

当码垛机器人需要从立体仓库取放货物的时候，码垛机器人的 Y 轴需要运动到负方向的限位处。当按下触摸屏上的"运动到 Y 轴负限位（仓库方向）"按键后，M0.5 常开触点闭合，M1.4 被置位，保持码垛机器人 Y 轴沿负方向运动的操作状态不变，如图 8-47 所示。当 M1.4 常开触点闭合时，如果 Y 轴负方向位置检测传感器——库位行程开关没有检测到信号，则 I0.7 常闭触点闭合，从而置位 M0.3，使得 Y 轴向负方向运动；如果 Y 轴负方向位置检测传感器检测到信号，证明 Y 轴到达负方向限位处，因此 I0.7 常开触点闭合，复位 M0.3 和 M1.4，使得 Y 轴运动停止。

将程序下载到 PLC，启动设备后便可以通过触摸屏控制码垛机器人 Y 轴运动到负限位的操作，并且指示灯将按照设定程序正常工作。

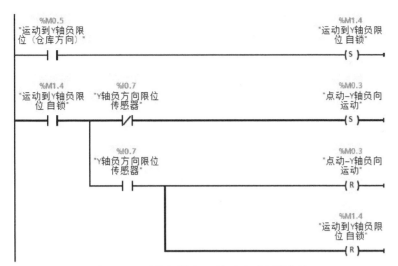

图 8-47 码垛机器人 Y 轴运动到负限位处

8.4.3 码垛机器人多轴联动驱动程序设计

码垛机器人在工作中有三种常用操作需要实现,即回原点、出库和入库操作。回原点操作用于码垛机器人各个轴回到原点位置,为出、入库操作和与 AGV 小车进行货物交换操作做准备。X 轴原点为立体仓库第一列中心位置,Y 轴原点为其中心位置,Z 轴原点为立体仓库第一行库位底部位置。出库操作用于货叉 (Y 轴) 与立体仓库进行货物交换。入库操作用于货叉 (Y 轴) 与 AGV 小车进行货物交换。

在出库操作时,码垛机器人 X 轴到达指定列,Z 轴到达指定行后,Z 轴的位置检测传感器——电磁式接近开关 4、5、6 与该行库位底部金属定位片对齐,货叉向库位方向运动到限位处;Z 轴向上运动,使得接近开关 5 恰好向上离开该行金属定位片,此时货叉正好将装有工件的托盘托起,然后货叉向 Y 轴正方向运动,回到 Y 轴原点位置;接着码垛机器人运动到立体仓库的第二行第七列,等待 AGV 小车的到达。当 AGV 小车到达后,码垛机器人将货叉向 AGV 小车方向运动到 Y 轴正向限位处,然后 Z 轴向下运动到第一行库位的底部,恰好将托盘放到 AGV 小车的输送带上;随后码垛机器人 Y 轴回到原点。若码垛机器人需要取下一个托盘,则重复上述动作即可,否则码垛机器人回到指定的位置 (一般指定位置为码垛机器人的原点)。

在入库操作时,码垛机器人先运动到立体仓库的第一行第七列,此时 Y 轴由原点位置向 AGV 小车方向运动到 Y 轴正向限位处;Z 轴向上运动使得接近开关 5 向上恰好离开第一行库位底部金属定位片,此时货叉恰好将 AGV 小车传送带上的托盘托起;货叉回到 Y 轴原点,X 轴运动到指定列,Z 轴运动到指定行;Z 轴向上运动使得接近开关 5 向上恰好离开指定行库位底部金属定位片,货叉向库位方向运动到 Y 轴负向限位处;Z 轴向下运动到该行库位的底部,使得托盘下落,当 Z 轴的三个位置检测传感器均能检测到该行的金属定位片时,便将托盘放入指定库位,而且托盘离开货叉;货叉回到原点,本次入库操作完成。若需要进行下一次入库操作,重复上述动作即可,否则码垛机器人回到指定的位置。

为了便于控制码垛机器人各轴的运动,在控制柜的触摸屏中设计了相应的操作界面,如图 8-48 所示。

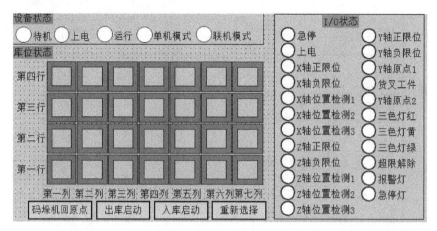

图 8-48　码垛机器人各轴联动触摸屏界面设计

在图 8-48 中，触摸屏的界面分为设备状态区、I/O 状态区、库位状态区和码垛机器人联动操作区等 4 个区域。设备状态区用来指示码垛机器人当前的工作状态，分为待机、上电、运行、单机模式和联机模式 5 种工作状态。当码垛机器人准备好，而且没有其他操作的时候，便处于待机状态；当码垛机器人控制柜上的启动按键被按下后，便处于上电状态；当码垛机器人正在运行时，便处于运行状态；单机模式和联机模式则用来指示码垛机器人的单机操作与联机操作状态。I/O 状态区用来指示码垛机器人关键 I/O 信号的触发状态，此处不再详述。库位状态区用来指示立体仓库的库位是否存放工件，若某一库位有工件存储，则其相应的指示灯显示为绿色，反之为灰色；另外仓库库位也可以进行选择，用来完成出入库操作。码垛机器人联动操作区则用来手动控制码垛机器人的回原点、出入库以及库位选择等操作。

打开 TIA 博途软件，建立项目，添加并组态 S7-1215C PLC 和 TP700 触摸屏，并为 PLC 添加三个 I/O 扩展模块，依次将其 I/O 扩展模块的初始地址改为 2、4 和 6；按照第 4 章 4.5.2 节的步骤为项目添加三个 G120 变频器，用于驱动码垛机器人的 X、Y 和 Z 轴运动，并按照该节的操作步骤为每个变频器添加通信模块，并修改通信模块的地址，使得每个变频器的通信地址不同；然后在 PLC 中新建驱动程序所需的变量，该部分变量较多，在此处仅显示出入库部分变量配置，如图 8-49 所示，其他变量请参考 8.4.1 和 8.4.2 节的相关内容，根据实际需要建立并配置即可。在图 8-49 中，所有变量用来记录立体仓库相应的库位是否有工件，变量的名称已经代表了其所在的库位，如果该库位有工件储存，则相应的 Bool 型变量被置位，反之则被清零。

在对库位数据进行处理时，将用到一些静态变量及临时变量，如图 8-50 所示。其中，"重新选择"用来取消对上一次所要进行出入库操作库位的所有选择；"执行行"用来记录将要进行操作库位的行坐标，其值为 1~4；"执行列"用来记录将要进行操作库位的列坐标，其值为 1~7；"行数组"和"列数组"分别用来记录所选择库位的行和列的坐标值；"行按键"和"列按键"用来设置所选择库位的行和列的坐标值，当相应的库位被选择后，便触发按键按下事件和按键释放事件，按键按下事件向行数组和列数组中传递该库位的行和列的坐标值，按键释放事件则用来结束本次按键操作；"出库启动"与"入库启动"则用来启动一次出入库操作；变量 a、b 和 c 为计数变量，用来记录数组相关数组下标的数值；"数组清零"则用来将相应的数组存储数据初始化为 0。

默认变量表

		名称	数据类型	地址	保持	在 H...	可从 ...	注释
1		1行1列	Bool	%I3.3		✓	✓	
2		2行1列	Bool	%I3.2		✓	✓	
3		3行1列	Bool	%I3.1		✓	✓	
4		4行1列	Bool	%I3.0		✓	✓	
5		1行2列	Bool	%I3.7		✓	✓	
6		2行2列	Bool	%I3.6		✓	✓	
7		3行2列	Bool	%I3.5		✓	✓	
8		4行2列	Bool	%I3.4		✓	✓	
9		1行3列	Bool	%I4.3		✓	✓	
10		2行3列	Bool	%I4.2		✓	✓	
11		3行3列	Bool	%I4.1		✓	✓	
12		4行3列	Bool	%I4.0		✓	✓	
13		1行4列	Bool	%I4.7		✓	✓	
14		2行4列	Bool	%I4.6		✓	✓	
15		3行4列	Bool	%I4.5		✓	✓	
16		4行4列	Bool	%I4.4		✓	✓	
17		1行5列	Bool	%I5.3		✓	✓	
18		2行5列	Bool	%I5.2		✓	✓	
19		3行5列	Bool	%I5.1		✓	✓	
20		4行5列	Bool	%I5.0		✓	✓	
21		1行6列	Bool	%I5.7		✓	✓	
22		2行6列	Bool	%I5.6		✓	✓	
23		3行6列	Bool	%I5.5		✓	✓	
24		4行6列	Bool	%I5.4		✓	✓	
25		1行7列	Bool	%I6.3		✓	✓	
26		2行7列	Bool	%I6.2		✓	✓	
27		3行7列	Bool	%I6.1		✓	✓	
28		4行7列	Bool	%I6.0		✓	✓	

图 8-49　仓库位置数据变量分配表

仓库位置数据处理

		名称	数据类型	默认值	保持性	可从 HMI ...	在 HMI ...	设置值
7	▼	Static						
8		重新选择	Bool	false	非保持	✓	✓	
9		执行行	Int	0	非保持	✓	✓	
10		执行列	Int	0	非保持	✓	✓	
11		a	Int	0	非保持	✓	✓	
12		c	Int	0	非保持	✓	✓	
13		b	Int	0	非保持	✓	✓	
14	▶	行数组	Array[0..99] of Int		非保持	✓	✓	
15	▶	列数组	Array[0..99] of Int		非保持	✓	✓	
16		列按键	Int	0	非保持	✓	✓	
17		行按键	Int	0	非保持	✓	✓	
18		出库启动	Bool	false	非保持	✓	✓	
19		入库启动	Bool	false	非保持	✓	✓	
20		<新增>						
21	▼	Temp						
22		数组清零	Int					

图 8-50　仓库数据处理程序所用中间变量

　　在 PLC 变量定义完毕后，在触摸屏的画面上选择仓库的第一行第一列按键，进入其属性设置界面，在"动画"窗口的"显示"菜单下单击"添加新动画"，并新建"外观"。在"外观"窗口中绑定 PLC 变量"1 行 1 列"，并且在"类型"栏中选择"范围"，并且在范围设置中选择需要显示的颜色以及范围值，如图 8-51 所示。

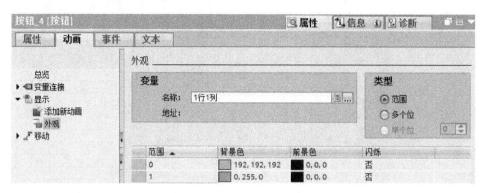

图 8-51　按键外观设置

然后在"事件"窗口的"按下"菜单中添加函数，依次选择"系统函数""计算脚本"和"设置变量"，即可为按键按下事件添加变量。变量设置为 PLC 变量"仓库位置数据处理_DB_列按键"，并设置变量的输出值为 1，此处 1 代表第一列库位；然后按照同样的方法再为按键按下事件添加另外一个设置变量，变量设置为 PLC 变量"仓库位置数据处理_DB_行按键"，并设置变量的输出值为 1，此处 1 代表第一行库位。设置后的效果如图 8-52 所示。

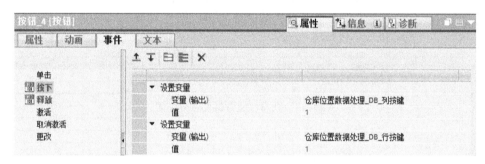

图 8-52　按键按下事件设置

按照上述的操作步骤设置按键释放事件，设置效果如图 8-53 所示。

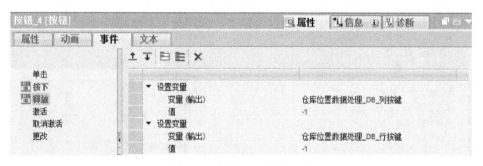

图 8-53　按键释放事件设置

其余库位均按照此方法进行设置，仅仅是行列的数值根据实际行列数值进行设置即可，此处不再赘述。将触摸屏中的其他控件与 PLC 变量分别连接，即可通过触摸屏来控制并观察码垛机器人的相关动作。

1. 码垛机器人回原点操作

当码垛机器人回原点的时候，第一步执行 Y 轴的回原点操作，以防止 X 轴和 Z 轴回原点的时候，Y 轴的货叉与立体仓库或 AGV 小车发生碰撞；第二步执行 X 轴和 Z 轴的回原点操作，并且这两个轴的回原点动作可以同时进行。Y 轴回原点驱动程序的设计请参考 8.4.2 节的相关内容，而 X 轴回原点驱动程序的设计请参考 8.4.1 节的相关内容，Z 轴回原点驱动程序的设计请参考 X 轴回原点程序设计即可。

2. 库位选择程序设计

在码垛机器人执行出入库操作的时候，首先初始化相应的存储空间，将存储出入库操作数据的变量"执行行"和"执行列"的初始值赋为 0，将循环计数值 a、b、c 清零，将记录已选择进行出入库操作的"列数组"和"行数组"清零，将库位按键操作值赋为-1；然后检测是否有选择库位的操作，如果有则将列按键值赋给列数组，将行按键值赋给行数组；该部分操作完毕后，判断是否启动出入库操作，若有出入库操作，则依次将行数组和列数组的值分别赋给执行行和执行列；其具体的操作过程如图 8-54 所示。

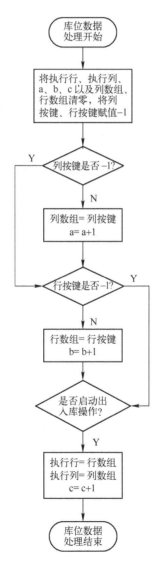

图 8-54　码垛机器人库位数据处理流程

该部分用 SCL 语言撰写的参考代码如下：

```
IF #重新选择   THEN
    #执行行 := 0;
    #执行列 := 0;
    #a := 0;  //通过背景变量 a
    #b := 0;
    #c := 0;
    #列按键 := -1;
    #行按键 := -1;
    FOR #数组清零 := 0 TO 99 DO
        #列数组[#数组清零] := 0;
        #行数组[#数组清零] := 0;
    END_FOR;
END_IF;
"R_TRIG_DB"(CLK:=#列按键<>-1);
IF "R_TRIG_DB".Q THEN
    #列数组[#a] := #列按键;
    #a := #a + 1;
END_IF;
"R_TRIG_DB_1"(CLK:=#行按键<>-1);
IF "R_TRIG_DB_1".Q THEN
    #行数组[#b] := #行按键;
    #b := #b + 1;
END_IF;
"R_TRIG_DB_2"(CLK:=#出库启动 OR #入库启动);
IF "R_TRIG_DB_2".Q THEN
    #执行列 := #列数组[#c];
    #执行行 := #行数组[#c];
    #c := #c + 1;
END_IF;
```

3. 码垛机器人的出入库操作

在码垛机器人执行出入库操作的时候，可以根据8.4.1节的内容设计 X 轴的运动驱动程序，根据8.4.2节的内容设计 Y 轴货叉的运动驱动程序，也需要根据8.4.1节的内容设计 Z 轴的运动驱动程序。但是在设计 Z 轴驱动程序的时候需要注意，当 Z 轴的电磁式接近开关4、5和6均与某一行库位底部金属定位片对齐的时候，此时 Y 轴货叉上平面应处于该行库位的底部，并且与放置物品的托盘底部有微小的间隙，便于货叉从托盘底部托起托盘。当码垛机器人执行出库操作的时候，码垛机器人首先要到达需要进行出库操作库位的底部，即 X 轴对准该列的中心处，Z 轴对准该行库位的底部，此时 Y 轴才能够向着负方向运动，使得货叉运动到该库位的底部，然后 Z 轴向上运动一段距离，使得电磁式接近开关4和5逐次向上离开该行库位底部金属定位片，便可以将装有工件的托盘托起，然后移出仓库。

与 X 轴列库位计数方式类似，Z 轴的行库位计数也采用电磁式接近开关 4 和 6 来完成。当电磁式接近开关 6 向上离开某一行库位底部金属定位片时，向 PLC 数字输入端子发送一个下降沿的脉冲信号，使得 PLC 将行库位计数值增加 1；当电磁式接近开关 4 向下离开某一行库位底部金属定位片时，向 PLC 数字输入端子发送一个下降沿的脉冲信号，使得 PLC 将行库位计数值减少 1；而此处的电磁式接近开关 4 虽然向上离开该行库位底部金属定位片，但是电磁式接近开关 6 没有离开，故此在该步操作中，码垛机器人在进行库位行计数的时候，计数值不变，但是当电磁式接近开关 4 向下离开该行库位底部金属定位片的时候，将使得库位行计数值减少 1，这就造成了操作错误，因此在货叉向上托起货物的时候，可以将库位行计数器值增加 1，用来补偿电磁式接近开关 4 向下离开该行库位底部金属定位片时使得库位行计数值减少 1 的值。

码垛机器人的驱动程序可以根据 8.4.1 节和 8.4.2 节的内容进行设计的组合，便可以实现相应的操作，此处不再赘述。

思考与练习

1. 简答题
（1）立体仓库一般由哪些部分组成？
（2）简述立体仓库的工作原理。
（3）简述码垛机器人回原点、出库和入库操作过程。
2. 实操题

编写 PLC 程序、设计触摸屏界面并配置变频器参数，控制码垛机器人的 X 轴或 Z 轴完成点动操作、回原点操作和自动定位操作，控制 Y 轴完成点动操作、回原点操作和自动运动至 Y 轴正、负限位位置。

第**9**章

AGV小车基础知识

学习目标：

1. 了解 AGV 小车的结构。
2. 掌握 AGV 小车的电路设计。
3. 掌握 AGV 小车驱动程序设计。

现代化工厂的占地面积都比较广阔，这无形中增加了不同工位之间物料转运的成本。为了降低转运成本，提高工作效率，许多工厂逐渐开始使用 AGV 小车来代替人工对物料进行转运。本章将从 AGV 小车的导航方式、结构、电路和驱动等方面对其进行学习。

9.1 AGV 小车简介

9.1.1 AGV 小车的定义及发展

无人搬运车（Automated Guided Vehicle，简称 AGV）是指安装有电磁或光学等自动导引装置，能够沿规定的路径行驶，具有安全保护以及各种移载功能的运输车。AGV 小车主要用于搬运作业的操作，首先使用人力或自动移载装置将货物装配到小车上，小车出发行走到指定地点后，再用人力或自动移载装置将货物卸下，从而完成搬运任务。工业应用中的 AGV 小车以蓄电池为动力来源，通过控制系统来规划其行进路线以及行为，或利用电磁轨道来设立其行进路线，电磁轨道贴在地板上，AGV 小车则依循电磁轨道所提供的信息进行移动与动作。

AGV 小车以轮式移动为特征，较之步行、爬行或其他非轮式移动的机器人具有行动快捷、工作效率高、结构简单、可控性强、安全性好等优势。与物料输送中常用的其他设备相比，AGV 小车的活动区域无需铺设轨道、支座架等固定装置，不受场地、道路和空间的限制。因此，在智能制造和自动化物流系统中，最能充分地体现其自动性和柔性，实现高效、经济、灵活的无人化生产。AGV 小车外形图如图 9-1 所示。

自动搬运车起源于 1913 年福特汽车公司所生产的有轨导引的无人搬运车，应用在底盘

图 9-1　AGV 小车外形图

装配线上，代替了原来的输送机，大大地提高了装配效率。1955 年英国人设计了地下埋线的电磁感应导引 AGVS（AGV System），1959 年日本也开始引进 AGVS 技术。20 世纪 60 年代 AGVS 从自动化仓库进入到柔性加工系统（FMS）。70 年代 AGV 作为生产组成部分而进入了生产系统，从而使 AGV 得到了迅速发展，特别是在汽车制造业得到了广泛应用。北京起重机械研究所在 1976 年研制出我国第一台 AGV 小车；随后多个研究所及大学都对 AGV 相关技术进行了研发，并取得了良好的进展。

最早期的 AGV 小车是铺轨式的，车体在预设的铁轨上行驶，利用通信设备控制它的运动或停止，并没有应用太多的传感器及自动导引技术。随着技术的飞速发展，多种传感器被使用在 AGV 小车中，AGV 小车利用传感器来感知周围事物的信息，控制机车的运动，从而实现真正意义上的自动导引。

9.1.2　AGV 小车的导航方式

AGV 小车之所以能够实现无人驾驶，导航和导引对其起到了至关重要的作用，随着技术的发展，目前能够用于 AGV 小车导引的技术主要有以下几类。

1. 直接坐标导引技术

直接坐标导引技术是用定位块将 AGV 小车的行驶区域分成若干坐标小区域，通过对小区域的计数实现导航。导航方式一般有光电式（将坐标小区域以两种颜色划分，通过光电器件计数）和电磁式（将坐标小区域以金属块或磁块划分，通过电磁感应器件计数）两种形式。直接坐标导引技术的优点是可以实现路径的修改，导航的可靠性好，对环境无特别要求；缺点是地面测量安装复杂，工作量大，导航精度和定位精度较低，且无法满足复杂路径的要求。

2. 电磁导引技术

电磁导引技术是较为传统的导引方式之一，目前仍被许多系统采用，它是在 AGV 小车的行驶路径上埋设金属线，并在金属线上加载设定的导引频率，通过对导引频率的识别来实现对 AGV 小车的导航。电磁导引技术的主要优点是引线隐蔽，不易污染和破损，导引原理简单而可靠，便于控制和通信，对声光无干扰，制造成本较低；缺点是路径难以更改扩展，对复杂路径的局限性大。

3. 磁带导引技术

磁带导引技术与电磁导引技术相近，不同之处在于采用了在路面上贴磁带替代在地面下埋设金属线，通过磁带感应信号实现导引。磁带导引技术的优点是灵活性比较好，改变或扩充路径较容易，磁带铺设简单易行；但此导引方式易受环路周围金属物质的干扰，对磁带的机械损伤极为敏感，因此导引的可靠性受外界影响较大。

4. 光学导引技术

光学导引技术是在 AGV 小车的行驶路径上涂漆或粘贴色带，通过对摄像机采集的色带图像信号进行简单处理而实现导引。光学导引技术的优点是灵活性比较好，地面路线设置简单易行；但其对色带的污染和机械磨损十分敏感，对环境要求过高，导引可靠性较差，很难实现精确定位。

5. 激光导引技术

激光导引技术是在 AGV 小车行驶路径的周围安装位置精确的激光反射板，AGV 小车通过发射激光束，同时采集由反射板反射的激光束，来确定其当前的位置和方向，并通过连续的三角几何运算来实现导引。激光导引技术的优点是定位精确，地面无需其他定位设施，行驶路径灵活多变，能够适合多种现场环境，故此在 AGV 小车导引中应用较为广泛；但其制造成本高，对环境要求相对较苛刻（外界光线、地面要求、能见度要求等），不适合室外（尤其是易受雨、雪、雾的影响）。

6. 惯性导引技术

惯性导引技术是在 AGV 小车上安装陀螺仪，在行驶区域的地面上安装定位块，AGV 小车可通过对陀螺仪偏差信号的计算及地面定位块信号的采集来确定自身的位置和方向，从而实现导引。惯性导引技术的优点是定位准确性高，灵活性强，便于组合和兼容，适用领域广；但其制造成本较高，导引的精度和可靠性与陀螺仪的制造精度及使用寿命密切相关。

7. 视觉导引技术

视觉导引技术是对 AGV 小车行驶区域的环境进行图像识别，得到当前车体与路径的相对位置，根据位置信息采用合适的控制策略和跟踪路径，实现智能行驶。该技术已经在无人驾驶汽车以及无人送货 AGV 中得到较好的验证。

8. GPS 导引技术

GPS（Global Position System，全球定位系统）导引技术是通过卫星对非固定路面系统中的控制对象进行跟踪和导航，目前此项技术还在发展和完善中，通常用于室外远距离的跟踪和导航，其精度取决于卫星在空中的固定精度和数量，以及控制对象的周围环境等因素。由此发展出来的是 iGPS（indoor GPS，室内 GPS）和 dGPS（differential GPS，差分 GPS），其精度要远远高于普通 GPS，但地面设施的制造成本是一般用户无法接受的。

机器人工作站中使用的 AGV 小车的工作范围有限，行走路径简单，综合考虑技术实现的难易度及性价比，故采用磁带导引技术进行导航，其外观如图 9-2 所示。在下文中，若无特殊说明，凡是提到 AGV 小车的地方，均为磁带导引 AGV 小车。

图 9-2　采用磁带导引技术的 AGV 小车外观图

9.2　AGV 小车的结构

AGV 小车主要由行走机构、自动移载机构、通信系统、蓄电池和控制系统组成。行走机构用于 AGV 小车地面

28　AGV 小车的结构

运动的实现；自动移载机构用于 AGV 小车所运载货物的自动装卸；通信系统用于 AGV 小车与托盘生产线和立体仓库的通信；蓄电池用来给 AGV 小车提供所需的电能；控制系统用来协调 AGV 小车所有功能的实现，其组成如图 9-3 所示。

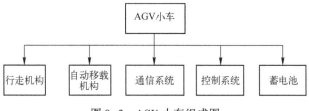

图 9-3　AGV 小车组成图

9.2.1　AGV 小车的行走机构

AGV 小车的行走机构由主动轮、万向从动轮、磁导航传感器、磁站点传感器、磁条和驱动电动机组成，如图 9-4 所示。

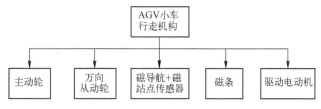

图 9-4　AGV 小车行走机构组成图

AGV 小车的行走机构采用差动的方式进行驱动，故主动轮安装在 AGV 小车底盘中部，在底盘两侧各安装一个，两个主动轮的运动方向和运动速度决定了 AGV 小车的运动方向和速度；万向从动轮安装在 AGV 小车的底盘四角，保证 AGV 小车在运动过程中保持车身平衡并辅助调整 AGV 小车的方向；磁导航和磁站点传感器安装在 AGV 小车底盘两端中部，用来检测地面铺设磁条的位置，为 AGV 小车的运动提供反馈信号；两个驱动电动机为无刷直流电动机 M1 和 M2，安装在 AGV 小车的底盘上靠近主动轮的地方，其输出转矩经减速器放大后，通过链传动分别驱动两个主动轮运动，从而驱动 AGV 小车的运动；磁条则铺设在 AGV 小车需要到达路径的中间，并且在磁条的两端设置有停止标识，为 AGV 小车的运动提供导向。AGV 小车行走机构各部件的布局如图 9-5 所示。

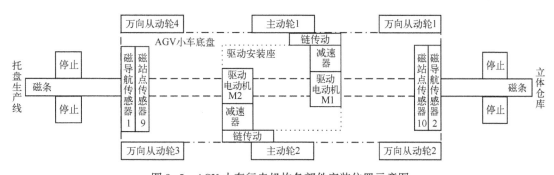

图 9-5　AGV 小车行走机构各部件安装位置示意图

9.2.2 AGV 小车的自动移载机构

AGV 小车的自动移载机构位于 AGV 小车的上部，由平带输送机构、入口货物检测装置和出口阻挡机构组成，如图 9-6 所示。

平带输送机构用于将从码垛机器人（或托盘生产线）接收的装有工件的托盘，接收到 AGV 小车上，且当 AGV 小车到达目的地后将其送出，其由驱动机构和平带传动机构组成。驱动机构的直流电动机 M3 输出转矩通过减速器放大后，由同步带传递到平带传动机构的传动轴，从而驱动平带运动。入口货物检测装

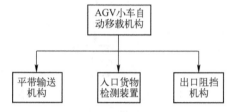

图 9-6　AGV 小车自动移载机构组成图

置是一个漫反射式光电开关，用来检测是否有托盘到达，并通过控制系统记录托盘的数量。出口阻挡机构由推拉式电磁铁和挡块构成，挡块安装在推拉式电磁铁的端部，而推拉式电磁铁安装在 AGV 小车的上部；当电磁铁断电的时候，铁心在弹簧的作用下带动挡块伸出，挡住托盘，当电磁铁得电的时候，铁心受到磁力收缩，带动挡块收回，将托盘释放。自动移载机构各部件布局如图 9-7 所示。

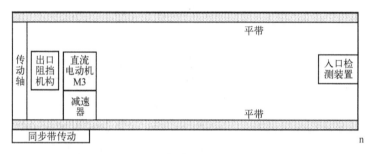

图 9-7　AGV 小车自动移载机构各部件布局图

9.2.3 AGV 小车的通信系统

AGV 小车的通信系统由两部分组成：AGV 小车与托盘生产线的通信装置和 AGV 小车与立体仓库的通信装置，两者通信原理及装置均一样，均采用红外通信装置进行通信，如图 9-8 所示。其详细通信原理请参考第 4 章 4.1 节内容，此处不再赘述。

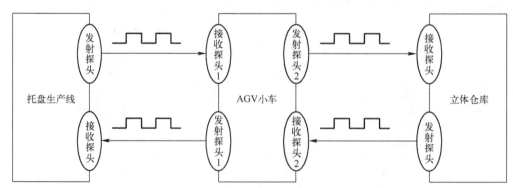

图 9-8　AGV 小车与托盘生产线和立体仓库的通信示意图

9.2.4　AGV小车的控制系统

AGV小车的控制系统负责对整个系统工作流程的控制，其主要由主控制器部分、行走机构驱动部分和自动移载机构驱动部分等组成，其中主控制器部分由S7-1215C DC/DC/DC PLC、SM1223 I/O扩展模块和人机交互系统组成；行走机构驱动部分由无刷直流电动机驱动电路和磁导引传感器信号采集电路组成；自动移载机构驱动部分由直流电动机驱动电路、入口光电开关电路和推拉式电磁铁驱动电路组成。

9.3　AGV小车的工作原理

AGV小车的初始位置是靠近立体仓库，等待在立体仓库码垛机器人与AGV小车进行货物交互的位置。当码垛机器人运送货物至AGV小车的自动移载机构上时，自动移载机构的入口检测光电开关被触发，由AGV小车的主控系统驱动自动移载机构开始工作，平带输送机构开始工作，并接收装有工件的托盘；当托盘完全通过入口检测光电开关时，主控系统计数1次，托盘继续由平带输送机构带动并向前运动；当托盘到达出口阻挡机构时，由阻挡机构将其挡住，此时托盘在平带输送机构上的位置保持不变；当平带输送机构接收到3个托盘后，AGV小车的行走机构便开始工作，带着这3个托盘向托盘生产线运动；在行走机构运动的过程中，磁导引传感器不断地检测小车的位置，以免其偏离由磁条所决定的运动路径；当AGV小车接近托盘生产线并到达规定的位置时，行走机构停止运动，自动移载机构的出口阻挡机构收回，将托盘送至托盘生产线；当所有托盘均到达托盘生产线后，AGV小车返回立体仓库的等待位置。

在AGV小车工作过程中，通过红外通信装置分别与立体仓库和托盘生产线进行数据交换以确定其工作流程。

9.4　AGV小车的电路设计

9.4.1　AGV小车供电电路设计

AGV小车在工作中大多数情况下都处于移动状态，无法用固定的电源供电，故采用蓄电池对其供电。工业中常用的控制电源为DC 24 V直流电源，因此AGV小车采用两块DC 12 V的蓄电池串联构成蓄电池组P1。蓄电池组通过XS1充电端口充电，并设计有一个充电指示灯HL1。为了防止在充电过程中使用AGV小车，因此设计了一个电源开关SA1，其常开触点作为电源开关来使用，其常闭触点作为蓄电池组充电电路控制开关来使用；当AGV小车启动后，SA1的常闭触点断开，便无法通过XS1端口对蓄电池组进行充电。为了防止对蓄电池组充电的时候正负极接反，在充电电路上设计了一个二极管VD1，利用其单向导电性对蓄电池组进行充电保护。蓄电池组输出的DC 24 V电源通过电源开关SA1后分为两路，一路用来给PLC及传感器供电，另外一路直接给电动机和开关电源供电；开关电源输出的DC 5 V直流电用来给无刷直流电动机控制端供电。AGV小车详细的供电电路如图9-9所示。

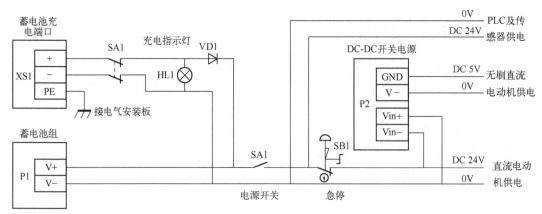

图 9-9　AGV 小车供电电路

9.4.2　AGV 小车行走机构电路设计

　　AGV 小车行走机构的电路包括两部分——驱动电路和检测电路。驱动电路用来驱动两个无刷直流电动机，为 AGV 小车行走机构提供动力；检测电路用来检测 AGV 小车实时运动方位，为无刷直流电动机的控制提供反馈信号，使其能够沿着磁条铺设的轨迹运动。

　　驱动电路中使用的电动机为两个 K9LH100N2-03 型无刷直流电动机，而其驱动器则采用两个 DBL-450R 无刷电动机驱动器，每个驱动器驱动一个电动机工作。该驱动器拥有灵活多样的输入控制方式，极高的调速比，低噪声，完善的软硬件保护功能，可通过串行通信接口与计算机相连，实现 PID 参数调整，保护参数、电动机参数、加减速时间等参数的设置，还可进行 I/O 输入状态、模拟量输入、报警状态及母线电压的监视。该驱动器的输入电压范围为 DC 18~50 V，采用霍尔传感器来实现速度的闭环控制，速度调节方式有 DC 0~5 V 模拟量输入调速、PWM 调速和多段速度控制等三种，其控制信号接口如图 9-10 所示。

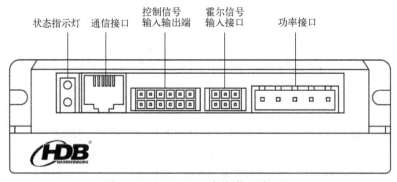

图 9-10　DBL-450R 控制信号接口图

　　控制信号输入输出端口用于控制无刷直流电动机的工作方式，主要有报警信号输出（ALM）、多段速度控制（X1、X2、X3）、霍尔信号输出（PG）、速度控制（SV）、方向控制（FR）、电动机使能（EN）和制动控制（BK）等功能，其端子引脚布局如图 9-11 所示，其引脚名称和功能见表 9-1。

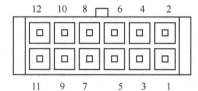

图 9-11　DBL-450R 控制信号
输入输出端子引脚图

表 9-1　DBL-450R 控制信号输入输出端子引脚名称及功能表

端子引脚	引脚名称	引脚功能说明
1	GND	信号地
2	ALM	报警输出（开漏），输出电流应限制在 20 mA 内
3	X1	多段速输入 1
4	PG	霍尔信号异或输出（开漏），输出电流应限制在 20 mA 内
5	X2	多段速输入 2
6	5 V	5 V 电源输出，输出电流应小于 20 mA（内部为线性电源，过大电流会导致过热）
7	X3	多段速输入 3
8	SV	速度控制信号输入
9	FR	方向控制信号
10	GND	信号地
11	EN	使能信号，低电平有效
12	BK	制动信号，低电平有效

速度控制 SV 引脚用于模拟量输入，输入的量作为速度的给定值；当 SV 连接外部模拟量输入时，输入的模拟电压应小于 5 V，否则有可能损伤内部电路，高于 5 V 时应采用分压电阻分压，以保证分压后的电压最大值小于 5 V。AGV 小车中采用 S7-1215C PLC 作为主控制器，其模拟量输出端子 AQ0 和 AQ1 能够输出 0~20 mA 的电流信号，故此需要在 SV 引脚和 GND 引脚之间连接一个 250 Ω 的精密电阻，将电流信号转变为 0~5 V 的电压信号，分别用来控制电动机 M1 和 M2（行走机构的两个无刷直流电动机）的速度，其具体电路如图 9-13 和图 9-14 所示。为了确保 SV 引脚电平状态稳定，在其引脚上设计了上拉电路，使其引脚只有高低电平两种状态，以免受到其他信号的干扰。

方向控制 FR 引脚用于控制电动机的转动方向，FR 引脚不同电平切换时会根据加减速时间设定值，先减速到 0，然后切换方向，再从 0 加速到给定值。如果电动机拖动的负载惯量大，应适当加长加减速时间，否则在方向切换时会有过电流或者电压过高的情况。此处采用中间继电器的常开触点与常闭触点来改变 FR 引脚的电平，中间继电器的公共端子与控制器的 FR 引脚连接，常开触点端子与 0V 连接，常闭触点端子与 DC 5 V 连接，改变中间继电器的状态，便可以改变 FR 引脚的电平状态，从而改变电动机的转动方向，其具体电路如图 9-13 和图 9-14 所示。为了确保 FR 引脚电平状态稳定，在其引脚上设计了上拉电路，使其引脚只有高、低电平两种状态，以免受到其他信号的干扰。

电动机使能 EN 引脚与 0 V 的接通与断开可控制电动机的运行与停止，只有在 EN 引脚与 0 V 连接时，其他的操作才能被允许，若断开则电动机处于自由状态，其他的操作被禁止。当电动机出现故障时，可以先断开 EN 引脚，然后再接通来清除故障。此处采用中间继电器的常开触点与常闭触点来改变 EN 引脚的电平，中间继电器的公共端子与控制器的 EN 引脚连接，常开触点端子与 0 V 连接，常闭触点端子与 DC 5 V 连接，改变中间继电器的状态，便可以改变 EN 引脚的电平状态，从而控制电动机的运动与停止，其具体电路如图 9-13 和图 9-14 所示。为了确保 EN 引脚电平状态稳定，在其引脚上设计了上拉电路，使其引脚只有高、低电平两种状态，以免受到其他信号的干扰。

制动控制 BK 引脚与 0 V 的接通使电动机三根相线处于短路状态，从而使电动机处于制动状态。如果电动机处于高速运转或者负载惯量比较大时，制动会对电气和机械装置产生冲击，损害大。除安全紧急制动外，应避免此类制动行为。为了减小动作时间，尽量把速度减小到比较安全的范围再进行制动。此处采用中间继电器的常开触点与常闭触点来改变 BK 引脚的电平，中间继电器的公共端子与控制器的 BK 引脚连接，常开触点端子与 0 V 连接，常闭触点端子与 DC 5 V 连接，改变中间继电器的状态，便可以改变 BK 引脚的电平状态，从而使得电动机制动或正常工作，其具体电路如图 9-13 和图 9-14 所示。为了确保 BK 引脚电平状态稳定，在其引脚上设计了上拉电路，使其引脚只有高、低电平两种状态，以免受到其他信号的干扰。

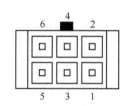

图 9-12　霍尔输入端子引脚图

霍尔信号输入端口用来输入无刷直流电动机内部的霍尔位置检测传感器的信号，其端子布局如图 9-12 所示，其端子引脚名称和功能见表 9-2，其中 5V 和 GND 为电动机的霍尔传感器供电，HA、HB 和 HC 是三个霍尔传感器的输出信号接入端，其具体电路如图 9-13 和图 9-14 所示。

表 9-2　DBL-450R 霍尔信号输入端口名称及功能表

端子引脚	引脚名称	引脚功能说明
1	NC	（空）
2	HC	C 相霍尔信号输入
3	5 V	DC 5 V 电源输出
4	HB	B 相霍尔信号输入
5	GND	DC 5 V 电源地
6	HA	A 相霍尔信号输入

功率端口用来给无刷直流电动机及控制器供电，其端子名称和功能见表 9-3。VDC 和 GND 是无刷直流电动机供电输入端，此处采用 DC 24 V 电源供电；U、V 和 W 是驱动器将输入电源 VDC 和 GND 转换后输出到电动机，以控制电动机的运动状态，其具体电路如图 9-13 和图 9-14 所示。

表 9-3　DBL-450R 功率端口引脚名称及功能表

端子引脚	引脚名称	引脚功能说明
1	GND	电源输入负端
2	VDC	电源输入正端 DC 18~50 V
3	W	电动机相线 W
4	V	电动机相线 V
5	U	电动机相线 U

另外，驱动器采用串行通信方式与计算机相连，通过上位机软件对驱动器功能进行配置，一旦配置完毕，便不需要该功能，此处不再详述，其详细功能请参考相关的使用手册。

AGV 小车的行走机构具有两个独立的主动轮，每个主动轮各有一个独立的无刷直流电动机对其进行驱动。无刷直流电动机仅需要进行正反转、速度调节、制动及电动机使能与否控制，参考无刷直流电动机驱动器使用手册，故此设计其驱动电路如图 9-13 和图 9-14 所示。PLC 输出模拟量信号 AQ0 和 AQ1 分别与两个驱动器的 SV 端子连接，用来调节电动机的速度；中间继电器 KA7 和 KA8 的公共端分别与两个驱动器的 FR 端子连接，用来改变电动机的运动方向；中间继电器 KA9 和 KA11 的公共端分别与两个驱动器的 EN 端子连接，用来控制电动机的运行与停止；中间继电器 KA10 和 KA12 的公共端分别与两个驱动器的 BK 端子连接，使得电动机制动或正常运行；这些端子上的上拉电阻为 $1\,k\Omega$。

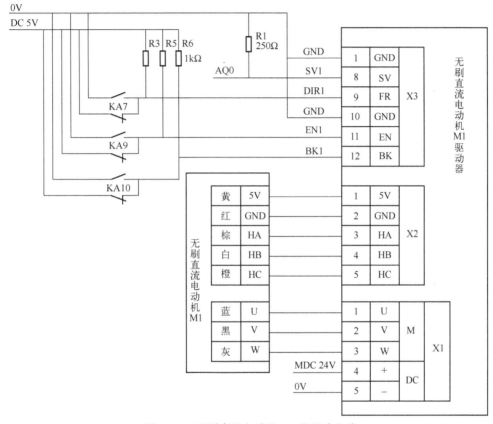

图 9-13　无刷直流电动机 M1 的驱动电路

AGV 小车行走机构电路的检测电路由磁导航传感器、磁站点传感器和导航磁带组成，分别安装在 AGV 小车车体两端的下方，靠近磁带的位置。

磁导航传感器为 8 通道的 XGS-19006 型，其具有 8 个检测点，每个检测点的间距是 $10\,mm$，可以与宽度不超过 $70\,mm$ 的磁带配合使用，此处选择磁带的宽度为 $30\,mm$。磁导航传感器的外形及工作原理如图 9-15 所示。

磁导航传感器在安装时，其与磁带的间距应在 $20\sim40\,mm$ 的范围之内，磁导航传感器的供电电压范围为 DC $11\sim30\,V$，此处采用 DC $24\,V$ 对其进行供电；其输出信号为 NPN 集电极开路信号，可以与 PLC 的数字输入端子直接连接，当检测到有效磁信号时导通，据此可以判断 AGV 小车运动方向是否偏离磁带设定的方向，其信号分配如图 9-16 所示。磁导航传感器 S1 是安装在 AGV 小车靠近托盘生产线一端，S2 则是安装在靠近立体仓库一端。

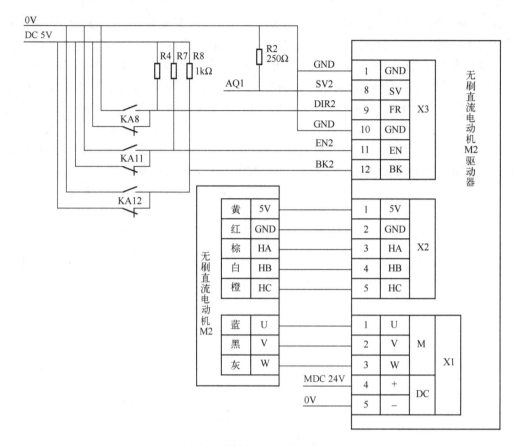

图 9-14　无刷直流电动机 M2 的驱动电路

图 9-15　磁导航传感器外形及工作原理图

S1										
磁导航传感器 XGS-19006										
DC	D1	D2	D3	D4	D5	D6	D7	D8	0V	
DC 24V	I0.1	I0.2	I0.3	I0.4	I0.5	I0.6	I0.7	I1.0	0V	

S2										
磁导航传感器 XGS-19006										
DC	D1	D2	D3	D4	D5	D6	D7	D8	0V	
DC 24V	I1.3	I1.4	I1.5	I2.0	I2.1	I2.2	I2.3	I2.4	0V	

图 9-16　磁导航传感器信号分配图

　　磁站点传感器和磁带配合用来检测 AGV 小车在运动轨迹中的具体位置，此处选择的磁站点传感器为双通道 XGS-19014 型，其外形和安装方式与磁导航传感器相似，此处不再赘述。磁站点传感器在工作的时候，根据每个通道检测到的磁带信息来判断 AGV 小车在关键位置控制点的信息，PLC 根据这些关键点位信息来控制 AGV 小车继续直行、转向或者停止，其工作原理如图 9-17 所示。

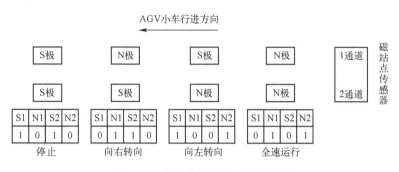

图 9-17　磁站点传感器工作原理图

　　当磁站点传感器 1 通道检测到磁带的 N 极、2 通道也检测到磁带的 N 极时，AGV 小车保持方向不变，继续向前运行；当 1 通道检测到磁带的 S 极、2 通道检测到磁带的 N 极时，AGV 小车向左转向；当 1 通道检测到磁带的 N 极、2 通道检测到磁带的 S 极时，AGV 小车向右转向；当 1 通道检测到磁带的 S 极、2 通道也检测到磁带的 S 极时，AGV 小车停止运动。实际应用中，可以根据需要，设计 AGV 小车的运行方式。在本书中，AGV 小车沿着直线运动，只需要检测运行轨迹两端的停止位置即可，故这里仅仅用到磁站点传感器的 N 极检测。磁站点传感器的供电为 DC 11~30 V，此处采用 DC 24 V 对其进行供电；其输出信号为 NPN 集电极开路信号，可以与 PLC 的数字输入端子直接连接，其信号分配如图 9-18 所示，磁站点传感器 S9 安装在 AGV 小车靠近托盘生产线一端，S10 则是安装在靠近立体仓库一端。

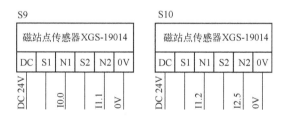

图 9-18　磁站点传感器信号分配图

9.4.3　AGV 小车自动移载机构电路设计

　　AGV 小车自动移载机构电路主要由平带驱动电路、入口检测电路和电磁铁驱动电路组成。平带驱动电路用来控制驱动机构直流电动机 M3 的正转、反转和停止，而且电动机 M3 在正常工作的时候，以恒定速度运动，无需调速。直流电动机 M3 是 90SZ55-PX36/A3 型直流电动机，其工作电压为 DC 24 V，设计其驱动电路如图 9-19 所示。中间继电器 KA1 用来控制电动机的运行与停止，中间继电器 KA2 用来控制电动机的转动方向，其两对常闭触点和两对常开触点分别控制电动机的一个转动方向。

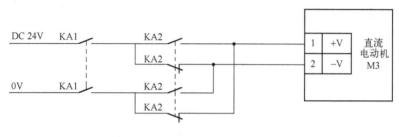

图 9-19　平带驱动电路图

AGV 小车自动移载机构的入口检测电路和电磁铁驱动电路较为简单，此处不再赘述。

9.4.4　AGV 小车控制电路设计

AGV 小车控制电路用来实现 AGV 小车的工作流程控制，由 PLC 控制电路、I/O 扩展模块电路和人机交互系统组成。PLC 控制电路用于 AGV 小车的系统控制，此处选择 S7-1215C DC/DC/DC PLC 作为主控制器，其数字输入端子 I0.0 和 I1.1 用作磁站点传感器 S9 信号的输入，I0.1~I1.0 用于磁导航传感器 S1 的信号输入，I1.2 用于磁站点传感器 S10 信号的输入，I1.3~I1.5 用于磁导航传感器 S2 的信号输入；数字输出端子 Q0.0 驱动中间继电器 KA1，控制电动机 M3 的供电，Q0.1、Q0.2 和 Q0.3 分别驱动中间继电器 KA2、KA7 和 KA8，控制电动机 M3、M1 和 M2 的方向，Q0.4 和 Q0.5 用于控制红外激光器，分别发射通信信号给立体仓库和托盘生产线，Q0.6、Q0.7 和 Q1.0 用于驱动中间继电器 KA3、KA4 和 KA5，控制 AGV 小车三色报警灯 HL3 的供电，Q1.1 用于驱动中间继电器 KA6，控制电磁铁的供电；模拟量输出端子 AQ0 和 AQ1 分别用来控制电动机 M1 和 M2 的转速，PROFINET 端子与集线器相连接，用于和其他电路进行通信，详细电路如图 9-20 所示。

主控 PLC 的 I/O 端子数目有限，满足不了系统的需要，故此扩展了一块 SM1223 I/O 模块，其数字输入端子 I2.0~I2.4 用于磁导航传感器 S2 的信号输入，I2.5 用于磁站点传感器 S10 的信号输入，I3.0 用于自动移载机构入口检测的信号输入，I3.2 用于接收立体仓库发送给 AGV 小车光电开关的信号输入，I3.3 用于接收托盘生产线发送给 AGV 小车光电开关的信号输入，I3.4 用于急停开关 SB1 的常开触点输入，I3.5 用于电源开关 SA1 常开触点输出，I3.6 用于启动按钮 SB2 信号输入，I3.7 用于停止按钮 SB3 信号输入；输出端子 Q4.0 驱动中间继电器 KA9，控制电动机 M1 的使能，Q4.1 驱动中间继电器 KA10，控制电动机 M1 的制动，Q4.2 驱动中间继电器 KA11，控制电动机 M2 的使能，Q4.3 驱动中间继电器 KA12，控制电动机 M2 的制动，Q4.4 驱动启动指示灯，Q4.5 驱动停止指示灯，Q4.6 驱动报警指示灯，具体电路如图 9-21 所示。

AGV 小车的人机交互系统由 TP700 触摸屏组成，除了与 PLC 进行通信 PROFINET 总线外，仅需要供电即可，如图 9-22 所示。

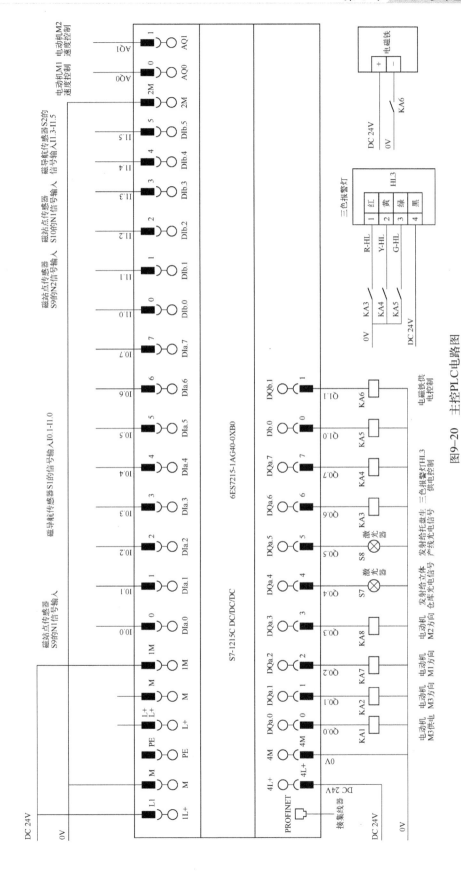

图9-20　主控PLC电路图

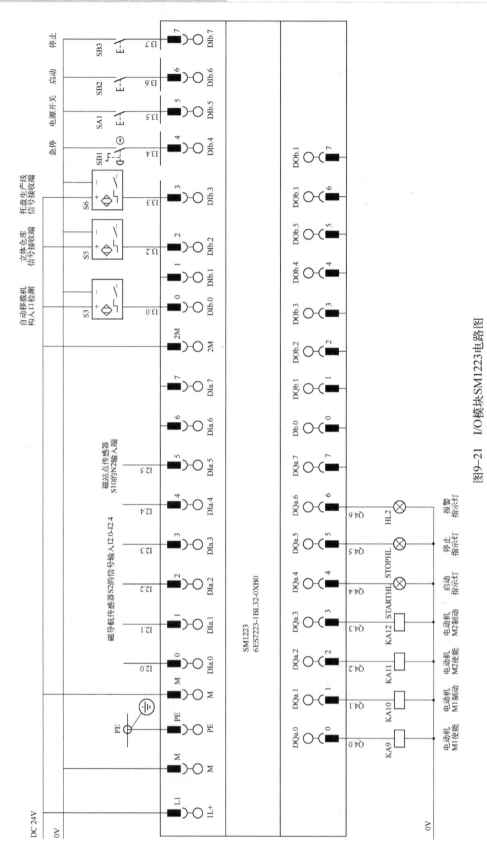

图9-21 I/O模块SM1223电路图

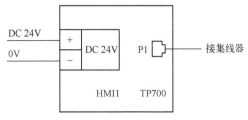

图 9-22　触摸屏电路图

9.5　AGV 小车驱动程序设计

AGV 小车的驱动程序设计分为三部分，即行走机构驱
动程序设计、自动移载机构驱动程序设计和通信程序设计。
行走机构驱动程序用来驱动 AGV 小车沿着由磁条所指示的轨迹运动，而且在偏离该轨迹后
能够主动调节，使其返回到正确的路径。自动移载机构驱动程序是驱动自动移载机构正常工
作，并能够记录已经装载到 AGV 小车上托盘的数量。通信程序是用来与托盘生产线和立体
仓库进行数据交互，以保证该部分系统正常运行。

9.5.1　AGV 小车行走机构驱动程序设计

AGV 小车行走机构程序由三部分构成，即直线行走驱动程序、偏移校正驱动程序和停
止驱动程序。直线行走驱动程序用来驱动 AGV 小车沿着磁条所设定的路径做直线运动；偏
移校正驱动程序用来对 AGV 小车运动偏离磁条的行为进行纠正，使其回归正确的路线继续
运动；停止驱动程序则使得 AGV 小车的两个驱动轮锁死，保持当前的位置不变。

在直线行走驱动程序中，首先需要将 PLC 的数字输出端子 Q4.0 和 Q4.2 置 1，使能两
个无刷直流电动机的伺服驱动器；然后设置两个无刷直流电动机的方向信号 Q0.2 和 Q0.3，
使其运动方向相同，保证 AGV 小车的两个主动轮沿着同一方向运动；最后分别给模拟量输
出寄存器 QW64 和 QW66 赋值，使得 PLC 在 AQ0 和 AQ1 输出 0~20 mA 的电流，该电流通过
250 Ω 的电阻产生 0~5 V 的电压信号，通过该信号调节无刷直流伺服驱动器的速度值；最终
AGV 小车将沿着当前方向做直线运动。

为了便于控制 AGV 小车的直线行走，在
AGV 小车的 TP700 触摸屏上设计了一个简单
的控制界面，通过按键来控制 AGV 小车的前
行、后行和制动等操作，如图 9-23 所示。
AGV 小车向托盘生产线方向运动为前行，向
立体仓库方向运动为后行，并且在此方向上
可以确定 AGV 小车的左侧驱动轮和右侧驱动
轮的位置。

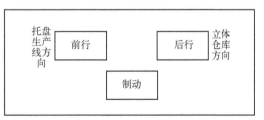

图 9-23　AGV 小车运动控制触摸屏界面设计

打开 TIA 博途软件，按照第 2 章和第 3 章的步骤建立项目，添加并组态 S7-1215C PLC
和 TP700 触摸屏，然后在 PLC 变量表中新建驱动程序所需的变量——前行按键、后行按键
和制动等，详细的变量分配如图 9-24 所示。前行按键用于控制 AGV 小车向托盘生产线方向
运动，后行按键用于控制 AGV 小车向立体仓库方向运动，制动用于控制 AGV 小车的停止，

左电动机方向和右电动机方向用于控制 AGV 小车两侧电动机的运动方向，左电动机使能和右电动机使能用于控制 AGV 小车两侧电动机伺服驱动器的使能，左电动机制动和右电动机制动用于控制 AGV 小车两侧电动机的制动，左电动机速度和右电动机速度用于调节 AGV 小车两侧电动机的速度。

		名称	数据类型	地址 ▲	保持	可从 ...	从 H...	在 H...
1		左电动机方向	Bool	%Q0.2		☑	☑	☑
2		右电动机方向	Bool	%Q0.3		☑	☑	☑
3		左电动机使能	Bool	%Q4.0		☑	☑	☑
4		左电动机制动	Bool	%Q4.1		☑	☑	☑
5		右电动机使能	Bool	%Q4.2		☑	☑	☑
6		右电动机制动	Bool	%Q4.3		☑	☑	☑
7		左电动机速度	Int	%QW64		☑	☑	☑
8		右电动机速度	Int	%QW66		☑	☑	☑
9		前行按键	Bool	%M10.0		☑	☑	☑
10		后行按键	Bool	%M10.1		☑	☑	☑
11		制动	Bool	%M10.2		☑	☑	☑

默认变量表

图 9-24　AGV 小车直线行走驱动程序变量分配

根据图 9-23 所示，在触摸屏的根画面中建立驱动所需的控制元件，并将其和 PLC 变量相连接即可，此处不再赘述。然后在 PLC 的 Main 程序窗口设计 AGV 小车直线行走驱动程序。为了简化程序设计，此处采用 SCL 语言进行程序设计。

在按下前行按键或者后行按键后，需要设定电动机的旋转方向。因为两个电动机安装在 AGV 小车的两侧，若 AGV 小车前行或者后行，这两个电动机的旋转方向必定相反。然后便可以解除 AGV 小车左右电动机的制动信号，并且使能左右电动机，使其运动，其代码如下所示：

```
"R_TRIG_DB"(CLK := "后行按键");
IF "R_TRIG_DB". Q THEN
    "左电动机方向" := 1;
    "右电动机方向" := 0;
    "左电动机制动" := 0;
    "右电动机制动" := 0;
    "左电动机使能" := 1;
    "右电动机使能" := 1;
END_IF;
"R_TRIG_DB_1"(CLK := "前行按键");
IF "R_TRIG_DB_1". Q THEN
    "左电动机方向" := 0;
    "右电动机方向" := 1;
    "左电动机制动" := 0;
    "右电动机制动" := 0;
    "左电动机使能" := 1;
    "右电动机使能" := 1;
END_IF;
```

当需要 AGV 小车停止的时候，可以按下制动按键，使能 AGV 小车左右电动机的制动信号，并且将左、右电动机的使能信号取消，其代码如下所示：

```
IF "制动" THEN
    "左电动机使能":= 0;
    "右电动机使能":= 0;
    "左电动机制动":= 1;
    "右电动机制动":= 1;
END_IF;
```

AGV 小车的电动机为无刷直流电动机，在其运动之前还需要通过伺服驱动器对其速度进行设置。无刷直流电动机的速度设定端子与 PLC 的模拟量输出端子相连接，通过 PLC 输出的模拟量对电动机的速度进行控制，故直接将速度数值写入 PLC 的模拟量输出端子的寄存器 QW64 和 QW66 即可，其代码如下所示。程序中的 18000 是要写入 QW64 和 QW66 的速度值，通过 PLC 将其转换为模拟量来控制电动机的速度。

```
"左电动机速度":= 18000;
"右电动机速度":= 18000;
```

在博途软件中新建一个 FC 函数，将其语言选为 SCL，然后将上述全部代码写入该 FC 函数即可，这里命名该函数为"自动控制"。最后在主程序中调用该函数即可，如图 9-25 所示。将程序下载至 AGV 小车的 PLC，然后起动 AGV 小车，便可以看到 AGV 小车沿直线方向运动。

图 9-25　AGV 小车直线行走驱动程序

在偏移校正驱动程序中，通过不断采集 AGV 小车前进方向上的磁导航传感器的信息来判断 AGV 小车当前偏离磁条的程度及方向，并将该偏离程度转换为 AGV 小车两轮的转速差，使其回归正确的方向，如图 9-26 所示。当 AGV 小车向左偏移的时候，降低右侧车轮的速度；反之，则降低左侧车轮的速度即可。

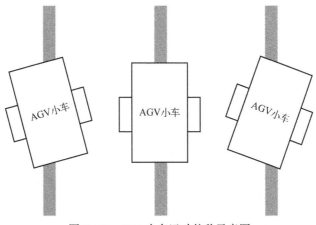

图 9-26　AGV 小车运动偏移示意图

为了设计 AGV 小车偏移校正驱动程序，需要在 AGV 小车直线行走驱动程序的基础上添加磁导航传感器的检测信息，其变量分配如图 9-27 所示，具体的电路请参考图 9-16。在图 9-27 中，码 D1 表示 AGV 小车在靠近立体仓库方向的磁导航传感器第 1 个检测位置的信号分配给 PLC 的 I0.1 端子，其余的依此类推即可；流 D1 表示 AGV 小车在靠近托盘生产线方向的磁导航传感器第 1 个检测位置的信号分配给 PLC 的 I1.3 端子，其余的依此类推即可。

		名称	数据类型	地址	保持	可从…	从 H…	在 H…
		变量表_1						
1		码D1	Bool	%I0.1		☑	☑	☑
2		码D2	Bool	%I0.2		☑	☑	☑
3		码D3	Bool	%I0.3		☑	☑	☑
4		码D4	Bool	%I0.4		☑	☑	☑
5		码D5	Bool	%I0.5		☑	☑	☑
6		码D6	Bool	%I0.6		☑	☑	☑
7		码D7	Bool	%I0.7		☑	☑	☑
8		码D8	Bool	%I1.0		☑	☑	☑
9		流D1	Bool	%I1.3		☑	☑	☑
10		流D2	Bool	%I1.4		☑	☑	☑
11		流D4	Bool	%I2.0		☑	☑	☑
12		流D3	Bool	%I1.5		☑	☑	☑
13		流D5	Bool	%I2.1		☑	☑	☑
14		流D6	Bool	%I2.2		☑	☑	☑
15		流D7	Bool	%I2.3		☑	☑	☑
16		流D8	Bool	%I2.4		☑	☑	☑

图 9-27　AGV 小车方向检测变量

为了记录 AGV 小车的运动偏移量，需要在程序中添加一个数据块 Data，其包含 4 个 Int 型变量——前行左偏差、前行右偏差、后行左偏差和后行右偏差，如图 9-28 所示。前行左偏差和前行右偏差用于设定 AGV 小车向托盘生产线方向运动时左右两侧偏离磁条后左右电动机需要补偿的速度值，而后行左偏差和后行右偏差用于设定 AGV 小车向立体仓库方向运动时左右两侧偏离磁条后左右电动机需要补偿的速度值。

		名称	数据类型	起始值	保持	可从 HMI…	从 H…	在 HMI…	设定值
		Data							
1		▼ Static							
2		后行左偏差	Int	0		☑	☑	☑	
3		后行右偏差	Int	0		☑	☑	☑	
4		前行左偏差	Int	0		☑	☑	☑	
5		前行右偏差	Int	0		☑	☑	☑	

图 9-28　AGV 小车运动偏移量记录数据块

另外还需要在 PLC 的默认变量表中增加两个变量——前行标志位和后行标志位，用来记录 AGV 小车前行和后行的方向标志，其变量分配如图 9-29 所示。

在 AGV 小车偏移校正驱动程序设计中，当小车两端的磁导航传感器检测到小车偏离磁条后，需要根据偏离的程度设定前行左偏差、前行右偏差、后行左偏差和后行右偏差的值，判断并设定这些补偿值的流程如图 9-30 所示。

	名称	数据类型	地址 ▲	保持	可从...	从 H...	在 H...
1	左电动机方向	Bool	%Q0.2	☐	☑	☑	☑
2	右电动机方向	Bool	%Q0.3	☐	☑	☑	☑
3	左电动机使能	Bool	%Q4.0	☐	☑	☑	☑
4	左电动机制动	Bool	%Q4.1	☐	☑	☑	☑
5	右电动机使能	Bool	%Q4.2	☐	☑	☑	☑
6	右电动机制动	Bool	%Q4.3	☐	☑	☑	☑
7	左电动机速度	Int	%QW64		☑	☑	☑
8	右电动机速度	Int	%QW66		☑	☑	☑
9	前行按键	Bool	%M10.0	☐	☑	☑	☑
10	后行按键	Bool	%M10.1	☐	☑	☑	☑
11	制动	Bool	%M10.2	☐	☑	☑	☑
12	前行标志位	Bool	%M20.0	☐	☑	☑	☑
13	后行标志位	Bool	%M20.1	☐	☑	☑	☑

图 9-29　前行标志位和后行标志位变量分配

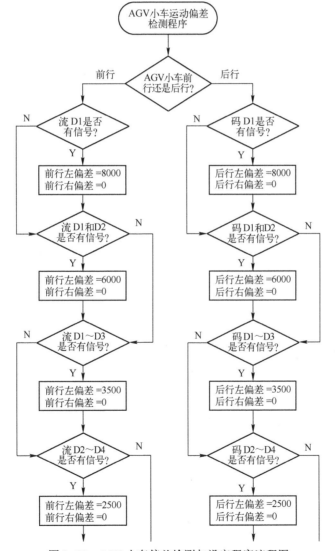

图 9-30　AGV 小车偏差检测与设定程序流程图

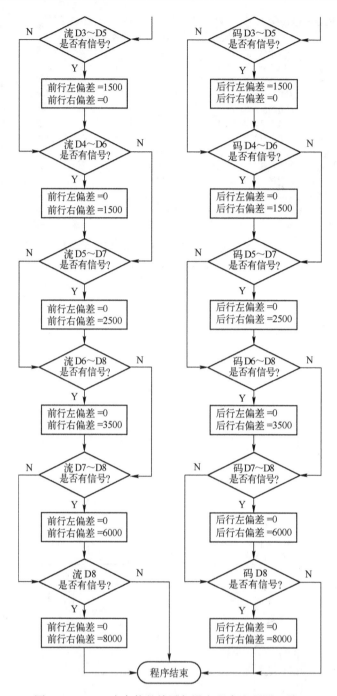

图9-30　AGV小车偏差检测与设定程序流程图（续）

该部分程序名称为"偏差检测"，其参考代码如下：

```
IF "后行标志位" THEN
    IF "码 D1" THEN
        "Data". 后行左偏差 := 8000;
        "Data". 后行右偏差 := 0;
```

```
        END_IF;
        IF "码 D1" AND "码 D2" THEN
            "Data". 后行左偏差 : = 6000;
            "Data". 后行右偏差 : = 0;
        END_IF;
        IF "码 D1" AND "码 D2" AND "码 D3" THEN
            "Data". 后行左偏差 : = 3500;
            "Data". 后行右偏差 : = 0;
        END_IF;
        IF "码 D2" AND "码 D3" AND "码 D4" THEN
            "Data". 后行左偏差 : = 2500;
            "Data". 后行右偏差 : = 0;
        END_IF;
        IF "码 D3" AND "码 D4" AND "码 D5" THEN
            "Data". 后行左偏差 : = 1500;
            "Data". 后行右偏差 : = 0;
        END_IF;
        IF "码 D4" AND "码 D5" AND "码 D6" THEN
            "Data". 后行左偏差 : = 0;
            "Data". 后行右偏差 : = 1500;
        END_IF;
        IF "码 D5" AND "码 D6" AND "码 D7" THEN
            "Data". 后行左偏差 : = 0;
            "Data". 后行右偏差 : = 2500;
        END_IF;
        IF "码 D6" AND "码 D7" AND "码 D8" THEN
            "Data". 后行左偏差 : = 0;
            "Data". 后行右偏差 : = 3500;
        END_IF;
        IF "码 D7" AND "码 D8" THEN
            "Data". 后行左偏差 : = 0;
            "Data". 后行右偏差 : = 6000;
        END_IF;
        IF "码 D8" THEN
            "Data". 后行左偏差 : = 0;
            "Data". 后行右偏差 : = 8000;
        END_IF;
END_IF;

IF "前行标志位" THEN
    IF "流 D1" THEN
        "Data". 前行左偏差 : = 8000;
```

```
                    "Data". 前行右偏差 := 0;
                END_IF;
                IF "流 D1" AND "流 D2" THEN
                    "Data". 前行左偏差 := 6000;
                    "Data". 前行右偏差 := 0;
                END_IF;
                IF "流 D1" AND "流 D2" AND "流 D3" THEN
                    "Data". 前行左偏差 := 3500;
                    "Data". 前行右偏差 := 0;
                END_IF;
                IF "流 D2" AND "流 D3" AND "流 D4" THEN
                    "Data". 后行左偏差 := 2500;
                    "Data". 前行右偏差 := 0;
                END_IF;
                IF "流 D3" AND "流 D4" AND "流 D5" THEN
                    "Data". 前行左偏差 := 1500;
                    "Data". 前行右偏差 := 0;
                END_IF;
                IF "流 D4" AND "流 D5" AND "流 D6" THEN
                    "Data". 前行左偏差 := 0;
                    "Data". 前行右偏差 := 1500;
                END_IF;
                IF "流 D5" AND "流 D6" AND "流 D7" THEN
                    "Data". 前行左偏差 := 0;
                    "Data". 前行右偏差 := 2500;
                END_IF;
                IF "流 D6" AND "流 D7" AND "流 D8" THEN
                    "Data". 前行左偏差 := 0;
                    "Data". 前行右偏差 := 3500;
                END_IF;
                IF "流 D7" AND "流 D8" THEN
                    "Data". 前行左偏差 := 0;
                    "Data". 后行右偏差 := 6000;
                END_IF;
                IF "流 D8" THEN
                    "Data". 前行左偏差 := 0;
                    "Data". 前行右偏差 := 8000;
                END_IF;
            END_IF;
```

当 AGV 小车检测到偏离磁条并且设置左右两个电动机的速度偏差后，需要对电动机的速度进行设置，其程序在上述"自动控制"程序的基础上进行修改即可，其代码如下所示：

```
IF "制动" THEN
    "左电动机使能":= 0;
    "右电动机使能":= 0;
    "左电动机制动":= 1;
    "右电动机制动":= 1;
END_IF;
"R_TRIG_DB"(CLK:="后行按键");
IF "R_TRIG_DB".Q THEN
    "左电动机制动":= 0;
    "右电动机制动":= 0;
    "前行标志位":= 0;
    "后行标志位":= 1;
    "左电动机方向":= 1;
    "右电动机方向":= 0;
    "左电动机使能":= 1;
    "右电动机使能":= 1;
END_IF;
"R_TRIG_DB_1"(CLK:="前行按键");
IF "R_TRIG_DB_1".Q THEN
    "左电动机制动":= 0;
    "右电动机制动":= 0;
    "前行标志位":= 1;
    "后行标志位":= 0;
    "左电动机方向":= 0;
    "右电动机方向":= 1;
    "左电动机使能":= 1;
    "右电动机使能":= 1;
END_IF;
IF "后行标志位" THEN
    "左电动机速度":= 18000 - "Data".后行左偏差;
    "右电动机速度":= 18000 - "Data".后行右偏差;
ELSIF "前行标志位" THEN
    "左电动机速度":= 18000 - "Data".前行右偏差;
    "右电动机速度":= 18000 - "Data".前行左偏差;
END_IF;
```

为了使得 AGV 小车能够在运行的过程中自动检测是否偏离磁条, 并对电动机速度进行设置, 仅需在主程序中调用偏差检测和自动控制程序即可, 如图 9-31 所示。

在停止驱动程序中, 首先需要判断 AGV 小车是否到达设定的停止位置, 若到达设定的位置, 则将 PLC 的数字输出端子 Q4.1 和 Q4.3 置 1, 使得无刷直流电动机伺服驱动器停止工作, 并保持当前位置不变。该部分程序仅需要在上述自动控制程序中添加判断语句即可, 其他部分保持不变。改变后的自动控制程序代码如下所示:

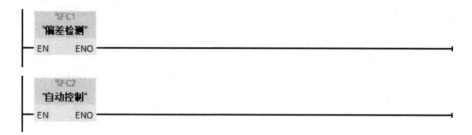

图 9-31　偏差检测和自动控制程序

```
"R_TRIG_DB_2"(CLK:="码 D1" AND "码 D8" OR ("流 D1" AND "流 D8"));
IF "制动" OR "R_TRIG_DB_2". Q THEN
    "左电动机使能":= 0;
    "右电动机使能":= 0;
    "左电动机制动":= 1;
    "右电动机制动":= 1;
END_IF;
```

将上述代码编译后下载至 AGV 小车的 PLC 中，起动
AGV 小车后，便可以自动沿着磁条所确定的路线运行。

> 30　AGV 小车
> 的驱动
> （下）

9.5.2　AGV 小车自动移载机构驱动程序设计

AGV 小车的自动移载机构驱动程序由移载机构运动驱动程序、托盘计数程序和托盘阻挡程序组成。移载机构运动驱动程序用来驱动移载机构上的平带输送机构的运动，从而将托盘装载到 AGV 小车或者从 AGV 小车卸载。托盘计数程序通过入口检测装置的漫反射光电开关来记录已经进入 AGV 小车的托盘数目。托盘阻挡程序用来驱动出口阻挡机构的电磁铁，当托盘装载到 AGV 小车上的时候用来阻挡托盘，防止其脱落；当托盘需要传递到托盘生产线上的时候用来释放托盘，让其进入托盘生产线。

在移载机构运动驱动程序中，仅需要驱动平带输送机构实现向托盘生产线方向运动、向立体仓库方向运动和停止运动三种状态即可。为了实现移载机构运动驱动程序，需要先在 PLC 中定义 4 个变量——入口光电、平带方向 1、平带方向 2 和电磁铁，如图 9-32 所示。

		名称	数据类型	地址	保持	可从 ...	从 H...	在 H...
1		入口光电	Bool	%I3.0		✓	✓	✓
2		平带方向1	Bool	%Q0.0		✓	✓	✓
3		平带方向2	Bool	%Q0.1		✓	✓	✓
4		电磁铁	Bool	%Q1.1		✓	✓	✓

变量表_2

图 9-32　移载机构运动驱动程序变量定义

入口光电变量即为 AGV 小车的入口检测装置的漫反射光电开关，平带方向 1 变量为中间继电器 KA1 的控制信号 Q0.0 的输出信号，平带方向 2 变量为中间继电器 KA2 的控制信号 Q0.1 的输出信号，电磁铁变量为 AGV 小车的出口阻挡机构的电磁铁中间继电器 KA6 的控制信号 Q1.1，其详细电路请参考图 9-19 和图 9-20。

当 AGV 小车向托盘生产线输送托盘或者从立体仓库中装载托盘的时候，自动移载机构应该驱动平带输送机构向托盘生产线方向运动，其驱动程序如下：

```
"平带方向 1":= 1;
"平带方向 2":= 0;
```

当 AGV 小车向立体仓库输送托盘或由托盘生产线装载托盘的时候，自动移载机构应该驱动平带输送机构向立体仓库方向运动，其驱动程序如下：

```
"平带方向 1":= 1;
"平带方向 2":= 1;
```

当 AGV 小车已经装载或者卸下规定托盘的时候，自动移载机构应该停止驱动平带输运机构运动，其驱动程序如下：

```
"平带方向 1":= 0;
"平带方向 2":= 0;
```

在托盘计数程序中，仅需要对由码垛机器人送到 AGV 小车上的托盘或者由 AGV 小车送至码垛机器人的托盘进行计数即可。托盘经过入口检测装置的漫反射光电开关，在光电开关的上升沿对托盘数目计数一次，其计数程序如图 9-33 所示。在 AGV 小车的计数程序中，为了防止光电开关受到外部的干扰，因此在计数程序中加了 3 s 的延时来消除外界的干扰。在 CTU 计数模块中，复位输入 R 可以根据实际需要连接相关触发复位的变量即可。

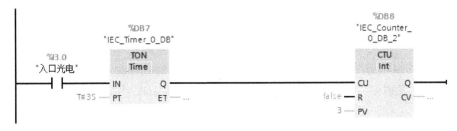

图 9-33　AGV 小车计数程序

在托盘阻挡程序中，需要在托盘由 AGV 小车进入托盘生产线或者托盘由托盘生产线装载到 AGV 小车上的时候，驱动出口阻挡机构的电磁铁通电，将挡块拉下，释放托盘运动通道，使其能够按要求运动。电磁铁通电释放托盘运动通道的驱动程序如下：

```
"电磁铁":= 1;
```

在电磁铁没有得电的时候，安装在其铁心上的回复弹簧将挡块推出，将托盘运动通道阻塞，其驱动程序如下：

```
"电磁铁":= 0;
```

在 AGV 小车正常工作时，自动移载机构驱动程序根据实际的需要进行组合使用即可，此处不再详述。

9.5.3 AGV小车通信程序设计

当AGV小车到达立体仓库（或托盘生产线）的时候，主动发送就绪信号给立体仓库（或托盘生产线），立体仓库（或托盘生产线）应发送应答信号给AGV小车。当立体仓库（或托盘生产线）准备就绪后，发送就绪信号给AGV小车。

当通信双方都准备就绪后，便可以开始正常工作——AGV小车可以从立体仓库接收托盘或者输送托盘至立体仓库、AGV小车也可以输送托盘至托盘生产线或者从托盘生产线接收托盘、托盘生产线可以接收托盘或输送托盘至AGV小车、立体仓库通过码垛机器人运送托盘至AGV小车或将AGV小车上的托盘送入仓库。

当AGV小车从立体仓库接收3个托盘（系统设计中每次最多只能运送3个托盘）或者接收托盘的时间超出了预设的等待时间时，AGV小车便发送返回信号给立体仓库，并运送托盘至托盘生产线。

当AGV小车准备输送托盘至托盘生产线时，发送输送托盘信号给托盘生产线，并输送托盘至托盘生产线。当托盘生产线接收到3个托盘后，便发送接收完毕信号给AGV小车；或者托盘生产线从接收到第一个托盘开始计时，当超出设定时间还没有接收到3个托盘时，便将接收到的托盘数目发送至AGV小车，由AGV小车判断后做出相应的处理——托盘数目少于3个，但托盘已经输送完毕或者AGV小车发生故障并报警。

在上述通信设计中，需要设计通信双方的握手信号（即就绪信号和应答信号）、AGV小车返回信号、托盘生产线接收托盘的数量信号以及其他所必需的通信信号。虽然这种通信方式比较可靠但其程序设计较为复杂，为了简化设计特设计了如下的通信方式。

当AGV小车到达立体仓库后，便不断地给立体仓库发送到达信号——其发射探头不停地发射红外线至立体仓库的接收探头；当AGV小车离开立体仓库的时候，其发射探头停止工作。同理，当AGV小车到达托盘生产线后，便不断地给托盘生产线发送到达信号——其发射探头不停地发射红外线至托盘生产线的接收探头；当AGV小车离开托盘生产线的时候，其发射探头停止工作。这种通信方式虽然简单，但是非常实用，而且便于初学者掌握。

首先在AGV小车的PLC中建立所需的变量——流侧通信输出、流侧通信输入、码侧通信输出和码侧通信输入，如图9-34所示。流侧通信输入和输出分别对应托盘生产线方向的通信输入和输出信号，码侧通信输入和输出分别对应立体仓库方向的通信输入和输出信号。

	名称	数据类型	地址	保持	可从...	从H...	在H...
1	流侧通信输出	Bool	%Q0.5		☑	☑	☑
2	码侧通信输出	Bool	%Q0.4		☑	☑	☑
3	流侧通信输入	Bool	%I3.3		☑	☑	☑
4	码侧通信输入	Bool	%I3.5		☑	☑	☑

图9-34 AGV小车通信变量

当AGV小车到达托盘生产线的时候，安装在AGV小车上靠近托盘生产线一侧的磁导航传感器的流D1和流D8检测到停止位置信号，AGV小车的流侧通信输出信号便被使能；当AGV小车离开托盘生产线的时候，流侧通信输出信号便被终止。当AGV小车到达立体仓库的时候，安装在 AGV 小车上靠近立体仓库一侧的磁导航传感器的码 D1 和码 D8 检测到停止位置信号，AGV 小车的码侧通信输出信号便被使能；当 AGV 小车离开立体仓库的时候，码侧通信输出信号便被终止。采用 SCL 语言编写其通信程序如下：

```
IF "流 D1" AND "流 D8" THEN
    "流侧通信输出" := 1 ;
ELSE
    "流侧通信输出" := 0 ;
END_IF ;
IF "码 D1" AND "码 D8" THEN
    "码侧通信输出" := 1 ;
ELSE
    "码侧通信输出" := 0 ;
END_IF ;
```

思考与练习

1. 简答题

（1）AGV 小车的导航方式有哪些？分别有什么特点？

（2）AGV 小车与托盘生产线和立体仓库之间是如何实现通信的？

（3）当 AGV 小车运动偏离轨迹时怎么处理？如何用程序实现 AGV 小车的纠偏功能？

（4）AGV 小车自动移载机构的运动方向如何控制？

2. 思考题

现有一个 AGV 小车，其上安装一个 HMI，请编写一个程序，将 AGV 小车当前运动状态和运动控制按键显示在上面，使其能够控制 AGV 小车实现直行和停止等运动。

参 考 文 献

[1] 廖常初 . S7-1200 PLC 编程及应用 [M]. 北京：机械工业出版社，2017.

[2] 韩建海 . 工业机器人 [M]. 4 版 . 武汉：华中科技大学出版社，2019.

[3] 西门子（中国）有限公司 . 深入浅出西门子 S7-1200 PLC [M]. 北京：北京航空航天大学出版社，2010.

[4] 西门子（中国）有限公司 . 深入浅出西门子人机界面 [M]. 北京：北京航空航天大学出版社，2009.

[5] 向晓汉 . 西门子 PLC 工业通信网络应用案例精讲 [M]. 北京：化学工业出版社，2011.

[6] 李江全 . 西门子 PLC 通信与控制应用编程实例 [M]. 北京：中国电力出版社，2018.

[7] 孙国栋 . 机器视觉检测理论与算法 [M]. 北京：机械工业出版社，2019.